Le grand tremblement de terre de Calabre et de Messine (1783)

Jean-Paul Poirier
Membre de l'Académie des sciences

Le grand tremblement de terre de Calabre et de Messine (1783)

L'Harmattan

Du même auteur

Creep of Crystals, Cambridge U. Press, 2000.

Introduction to the Physics of the Earth's Interior, Cambridge U. Press, 2000.

Les Profondeurs de la Terre, Masson, 1996.

Le Minéral et le Vivant, Fayard, 1995.

Le Noyau de la Terre, Flammarion, 1996.

La Terre, mère ou marâtre?, Flammarion, 1998.

Ces pierres qui tombent du ciel, Le Pommier, 1999.

Mystification à l'Académie des sciences, Le Pommier, 2001.

Quand la terre tremblait (avec E. Guidoboni) Odile Jacob, 2004.

Le tremblement de terre de Lisbonne, Odile Jacob, 2005.

L'abbé Bertholon, un électricien des Lumières en province, Hermann, 2008.

Antoine d'Abbadie, voyageur et physicien du globe au XIXe siècle, Hermann, 2009.

Jean-Baptiste Biot, un savant méconnu, Hermann, 2010.

Une brève histoire du magnétisme, (avec L.-L. Le Mouël), Belin, 2014.

Fernand de Montessus de Ballore, pionnier de la science des tremblements de terre Hermann, 2015.

La catastrophe de la Montagne Pelée, un autre regard, L'Harmattan, 2017.

5-7, rue de l'Ecole-Polytechnique, 75005 Paris
http://www.editions-harmattan.fr
ISBN : 978-2-343-14215-9
EAN : 9782343142159

INTRODUCTION

L'année 1783 est célèbre à plus d'un titre. Le 4 juin, les frères Joseph et Étienne Montgolfier, papetiers à Annonay en Ardèche, firent monter à un millier de mètres leur ballon à air chaud qui parcourut deux kilomètres avant de se poser au sol. Le 27 août, le physicien Charles répéta l'expérience avec un ballon à hydrogène, et le premier vol habité, en montgolfière, eut lieu le 21 novembre avec Pilâtre de Rozier et le marquis d'Arlandes. L'aéronautique était née.

La même année vit l'apparition d'une nation qui allait devenir la première puissance mondiale : le 3 septembre, entre les représentants britanniques et ceux des treize colonies américaines, fut signé le traité de Paris qui mettait fin à la guerre d'indépendance et reconnaissait les États-Unis d'Amérique.

Ces événements étaient certes notables, mais leur importance n'allait se révéler que dans l'avenir. Pour les contemporains, un traité de plus ou de moins ne tirait guère à conséquence : c'était la seule façon de finir les guerres, et celles-ci n'avaient pas plus manqué en ce siècle que dans les précédents. Quant à l'apparition des ballons, elle se traduisit surtout sur le moment par un effet de mode : les coiffures féminines, comme les assiettes de faïence, furent « au ballon ».

Par contre, beaucoup de contemporains remarquèrent surtout les nombreux événements extrêmes climatiques et telluriques, parfois catastrophiques, qui frappèrent cette année-là beaucoup de régions européennes.

Cette acccumulation exceptionnelle a apparemment conduit le volcanologue islandais Sigurður Steinþórsson[1] à écrire : « L'année 1783 fut une année dans laquelle il y eut tellement d'événements catastrophiques qu'elle fut parfois (*stundum*) nommée *Annus mirabilis.*[2] »

À l'origine de cette expression on trouve le poète John Dryden (1631-1700) dont le poème *Annus mirabilis*[3] célèbre les merveilles de l'année 1666 : les victoires navales des Anglais sur les Hollandais et l'intervention de l'Éternel qui, touché par les prières du Roi, mit fin au grand incendie de Londres. Par la suite, cette formule a été appliquée à des années riches en heureux événements : 1666 encore, au cours de laquelle Newton fit ses plus grandes découvertes ; 1759, qui vit une série de victoires anglaises pendant la Guerre de Sept Ans ; 1782, que le Rev. William Tasker (1740-1800) qualifie ainsi dans un poème, en raison de la victoire de l'amiral Rodney sur de Grasse à la bataille des Saintes et de la résistance de Gibraltar contre les forces espagnoles et françaises[4] ; 1905, année de la parution des quatre articles majeurs d'Einstein, etc.

L'année 1783, marquée par de nombreuses catastrophes, aurait-elle donc pu être paradoxalement qualifiée à l'époque d'*admirable* ou *merveilleuse* ? Je n'ai trouvé aucune source qui conforte cette idée, mais c'est ce que répètent plusieurs auteurs, citant uniquement

---

[1] Steinþórsson, S., Annus mirabilis 1783 í erlendum heimildum. *Skírnir*, 1992, vol.166, pp.133-155.

[2] *Árið 1783 var ár svo margra stórviðburða að það var stundum nefnt Annus mirabilis.*

[3] Dryden, J., *Annus mirabilis, the year of wonders, MDCLXVI: an historical Poem*, London, L'Estrange, 1666.

[4] Tasker, W., *Annus mirabilis; or the eventful year Eighty-Two, an historical Poem*, Exeter, B. Thorn, 1783.

Steinþórsson, qui ne cite personne[5]. La reine Elizabeth II, plus raisonnablement, avait qualifié d'*Annus horribilis* l'année 1992, au cours de laquelle aux nombreux problèmes de la famille royale anglaise s'était ajouté l'incendie du château de Windsor.

Quoi qu'il en soit, dans un article[6] intitulé *Annus mirabilis*, le climatologue belge Gaston Demarée donne, en citant des documents de l'époque, une liste chronologique des événements remarquables, dont aucun ne fut heureux et beaucoup désastreux, qui eurent lieu en 1783 :

Une effroyable tempête en Manche.
Le tremblement de terre de Messine et de Calabre.
L'apparition d'une nouvelle île volcanique [Nýey] au large de l'Islande en mai.
Un tremblement de terre en Franche-Comté et Bourgogne.
L'éruption du volcan Laki [Skaftáreldar], en Islande.
Le grand brouillard sec de l'été 1783.
Un été excessivement chaud et orageux.
Des épidémies pendant l'été chaud.
La peste à Constantinople.
Un globe de feu sur la Manche.
Tremblements de terre dans nos régions.

---

[5] Par ex. : Courtillot, V., New evidence for massive pollution and mortality in Europe in 1783-1784 may have bearing on global change and mass extinctions, *C.R. Geosciences* 2005, vol.337, 635-637 ; Grattan, J., Rabartin, R., Self, S., Thordarson, Th., Volcanic air pollution and mortality in France 1783-1784., *C.R. Geosciences*, 2005, vol.337. 641-651.

[6] Demarée, G.R., Annus mirabilis A.D. 1783 : Een kronik van merckenweerdigste voorvallen langs de schreve, in *Liber amicorum Roger A. Blondeau*, Brugge, Schoonaert,1999, pp. 79-94.

L'hiver très rigoureux 1783-1784, plus froid que le « grand hiver » de 1709[7].

Ces événements étaient, pour la plupart, des phénomènes ou bien météorologiques : tempêtes, étés torrides et hivers glaciaux, ou bien telluriques : éruptions volcaniques et tremblements de terre.

Le tremblement de terre de Calabre fait l'objet du présent ouvrage et nous en parlerons donc tout au long, mais il est intéressant de noter ici plusieurs points.

D'abord, il apparaît que la plus légère secousse tellurique en Europe survenant après la catastrophe calabraise alarmait les populations. Ce fut le cas du séisme du 6 juillet cité par Demarée, dont l'épicentre était dans la vallée de l'Ouche, qui ne fut ressenti qu'en Bourgogne et en Franche-Comté et ne causa aucune victime. Le médecin Hugues Maret (1726-1786), secrétaire perpétuel de l'Académie de Dijon, en donna un compte-rendu détaillé[8]. Il écrit : « Les désastres causés en Sicile et en Calabre par les tremblemens de terre, étoient très-récens encore, lorsque notre sol a été agité le 6 du mois dernier par des secousses du même genre. Il étoit naturel qu'en pareilles circonstances on prît l'alarme. [...] Des tuiles, des faîtières surmontant des cheminées, ont été précipitées à terre, des livres placés sur des bureaux, renversés, des balances agitées, & des gens endormis couchés sur la terre, éveillés par un bercement. [...] M. le Comte de Buffon s'est senti bercé dans son fauteuil [...] ». Ces effets correspondent à une intensité maximale modeste de VI[9]. Maret affirme, contrairement à Lalande, que le

[7] En janvier 1709, le thermomètre descendit à -20° C à Paris et la Seine gela.

[8] Maret, Mémoire sur le tremblement de terre arrivé le 6 juillet 1783, *Nouveaux mémoires de l'Académie de Dijon pour la partie des sciences et des arts*, 1783, pp. 27 sqq.

[9] voir Appendice.

« [phénomène] du 6 juillet n'étoit pas une commotion athmosphérique produite par l'électricité ; & tout concourt à prouver qu'il étoit un tremblement de terre », et il entreprend de rassurer la population.

Ensuite, il faut rappeler que si la théorie « pneumatique » d'Aristote[10] avait subi des modifications, elle n'avait pas encore vraiment disparu au XVIIIe siècle et que, pour nombre de savants, les tremblements de terre avaient un rapport étroit avec les vents et la météorologie. On en cherchait souvent la cause dans la chaleur ou le froid, l'humidité ou la sécheresse, quand ce n'était pas dans l'électricité, alors à la mode[11]. Le brouillard sec de 1783, qui causa une surmortalité importante dans plusieurs pays européens, fut d'abord mis en relation avec le séisme de Calabre, avant d'être attribué à l'éruption islandaise (*v. infra*).

On voit donc que les phénomènes remarquables de l'année 1783 : tremblement de terre de Calabre, brouillard sec et éruption islandaise, étaient liés entre eux, sinon toujours en réalité, du moins dans la perception que les savants en eurent à l'époque.

Bien que l'éruption du Laki ait causé une famine et des milliers de morts en Islande, il reste que l'événement le plus catastrophique de 1783 fut la séquence de tremblements de terre qui, du 5 février au 28 mars, frappa la Calabre, détruisit Messine et causa entre 30 000 et 50 000 morts. Il fut plus meurtrier et causa une plus grande et plus durable dévastation du pays que le tremblement de terre de Lisbonne en 1755.

Mais surtout, à la différence du séisme de Lisbonne, celui de Calabre fut étudié scientifiquement, et ce fut le premier à l'être. Et si l'Europe ne résonna pas, comme

---

[10] Aristote. *Meteorologica,* II, 7.

[11] Poirier, J.-P., Electrical Earthquakes : A short-lived Theory in the 18th Century, *Earth Sciences History*, 2016, vol. 35, pp. 283-302.

après Lisbonne, de controverses philosophico-théologiques sur l'optimisme, les savants qui disputaient de la cause des séismes, inflammations ou électricité, cherchèrent dans le tremblement de terre de Calabre un appui à leurs thèses.

Le grand géologue anglais Charles Lyell (1797-1875) écrit : « Comparée avec plusieurs autres événements du même genre arrivés dans d'autres contrées, soit pendant le siècle dernier, soit dans le cours du siècle actuel, cette catastrophe n'offre rien de remarquable sous le rapport de la durée, de la violence, ou de l'étendue de pays sur laquelle elle se manifesta [...]. L'importance du tremblement de terre en question tient surtout à ce que la Calabre est le seul point qui, jusqu'ici, ait été visité pendant et après les commotions, par des hommes ayant le loisir, le zèle et les connaissances scientifiques nécessaires pour recueillir et pour décrire avec exactitude les faits physiques qui peuvent répandre quelque lumière sur les questions géologiques.[12]»

Et le sismologue Charles Davison (1858-1940) émet l'opinion que « Peu de tremblements de terre ont davantage contribué aux progrès de la sismologie que ceux qui ont dévasté la Calabre Ultérieure dans les premiers mois de 1783.[13]»

En effet, des savants comme Hamilton et Dolomieu écrivirent des relations d'un grand intérêt. L'Académie royale des sciences et belles-lettres de Naples envoya sur les lieux une mission qui fit un rapport détaillé des dégâts, village par village.

De nombreux livres et relations parurent à l'époque en Italie sur le désastre de Calabre et sur les théories de l'origine des tremblements de terre, en particulier celui de

---

[12] Lyell, Ch., *Principes de Géologie*, trad. sous les auspices de M. Arago par Mme Tullia Meulien, Paris, Langlois et Leclercq, 1846, 3ème partie, ch. VII, p. 317.

[13] Davison, Ch., *The Founders of Seismology*, Cambridge U. Press, 1927, p. 26.

Giovanni Vivenzio, médecin du roi de Naples, qui eut deux éditions[14]. En 1832, l'historien Carlo Botta (1766-1837) consacra à la catastrophe de 1783 le livre 49 de sa monumentale histoire d'Italie[15], dont on a dit qu'il « reste, en toute probabilité, la relation la plus achevée d'un tremblement de terre dans la littérature italienne moderne.[16] » En réalité, bien qu'écrite dans un style plus emphatique et ampoulé, cette relation est pratiquement identique au rapport des académiciens napolitains, dont elle cite d'ailleurs de longs passages.

Enfin, on ne peut ignorer les deux ouvrages essentiels que l'historien Augusto Placanica (1932-2002) consacra aux relations, officielles et privées, de la catastrophe et à ses retombées littéraires et philosophiques[17]. Notons encore un livre plus récent consacré à ce désastre, dont l'auteur, utilisant les archives notariales, a recensé les actes effectués après le tremblement de terre : contrats de mariage entre veufs, donations, testaments, etc.[18].

À noter que le livre qui fait autorité sur l'histoire de Naples à l'époque bourbonienne[19] ne fait curieusement

---

[14] Vivenzio, G., *Istoria e teoria de'tremuoti in generale ed in particolare di quelli della Calabria, e di Messina del* MDCCLXXXIII, Napoli, Stamperia Regale, 1783 ; *Istoria de'tremuoti avvenuti nella Calabria Ulteriore, e nella città di Messina nell'anno 1783*, Napoli, Stamperia Regale, 1788.

[15] Botta, C., *Storia d'Italia continuata da quella del Guicciardini sino al 1789*, Capolago, Tipografia Elvetica, 1833, t. XII, pp. 128-212.

[16] Spaggiari, W., Da Lisbona alle Calabrie: la catastrofe e i Lumi, in *Città e rovine letterarie nel XVIII secolo italiano*, éd. Silvia Fabrizio-Costa, Bern, P. Lang, 2007, pp. 225-256.

[17] Placanica, A., *L'Iliade funesta*, Roma, Casa del libro, 1982 ; *Il filosofo e la catastrofe, un terremoto del settecento*, Torino, Einaudi, 1985.

[18] Gaudioso, F., *Una tragedia sismica nella Calabria del Settecento*, Lecce, Congedo, 2005.

[19] Acton, H. *The Bourbons of Naples (1734-1825)*, London, Methuen, 1956.

aucune mention du tremblement de terre de 1783 et de son impact sur la politique intérieure du royaume.

Il n'y a donc pas disette de sources et d'ouvrages consacrés au grand tremblement de terre de Calabre, mais à peu près uniquement en langue italienne, alors que le séisme de Lisbonne avait eu des répercussions littéraires dans toute l'Europe[20]. Peut-être faut-il chercher une raison à cette différence de traitement dans le fait qu'en 1783 Naples qui était, avec Paris et Londres, une des trois grandes capitales européennes fut épargnée, et que le tremblement de terre y fut à peine ressenti. Si Naples avait été détruite de fond en comble, le retentissement en Europe eût été considérable.

Quoi qu'il en soit, la « République des lettres » s'intéressait sans doute assez peu à la Calabre, cette région reculée et sauvage à la pointe de la botte italienne. On pensait généralement que, plus au sud de Pompéi et de Pæstum, il n'y avait rien à voir, qu'il y avait des brigands et que les auberges et la nourriture y étaient détestables. Les jeunes gentilshommes qui faisaient le « Grand Tour » s'arrêtaient à Naples ou s'y embarquaient directement pour la Sicile[21].

On peut d'ailleurs noter que, plus que la dévastation de la Calabre, c'est la destruction de Messine qui, en Europe, parut la nouvelle la plus importante.

Pour tout un chacun, même s'il en ignore à peu près tout, la mention du tremblement de terre de Lisbonne évoque immanquablement Voltaire. Mais le grand séisme de

---

[20] Poirier, J.-P., *Le tremblement de terre de Lisbonne (1755)*, Paris, O. Jacob, 2005.

[21] Une exception : l'abbé de Saint-Non (1727-1791), dans l'avant-propos du tome III de son *Voyage pittoresque à Naples et en Sicile*, écrit : « La Calabre [...] un des plus beaux, des plus extraordinaires pays qu'il y ait en Europe, et sûrement, depuis longtems, un des moins connus.»

Calabre n'eut pas son Voltaire, et il est à peu près ignoré du grand public français.

Le présent livre, le premier en français sur ce désastre, tente de remédier à cette lacune.

Après un rappel des tremblements de terre meurtriers qui frappèrent la Calabre et Messine, avant et après 1783, je décrirai les effets de ceux de 1783, d'après les ouvrages publiés à l'époque et les nombreux témoignages, essentiellement italiens, ainsi que les relations des voyages à but scientifique de Dolomieu et Hamilton. Le chapitre suivant sera consacré aux mesures administratives prises par le gouvernement du roi de Naples et aux reconstructions.

J'aborderai ensuite le problème des causes du séisme vues par les contemporains, en m'attachant en particulier à la controverse entre les tenants de l'électricité (*elettricisti*) et ceux des inflammations souterraines (*fuochisti*). Je rapporterai ensuite les analyses des sismologues et tectoniciens modernes.

Les relations que certains virent entre le séisme et le brouillard sec qui affligea une grande partie de l'Europe seront ensuite examinées.

Enfin, dans le dernier chapitre, je parlerai des œuvres littéraires, souvent des poèmes, inspirées par le désastre.

CHAPITRE I

Les séismes historiques de Calabre et de Messine

Dans le royaume de Naples, on distinguait deux Calabres : *Calabria Citra* ou Calabre citérieure au nord (province de Cosenza) et *Calabria Ultra* ou Calabre ultérieure qui s'étend jusqu'à l'extrémité de la botte (provinces de Catanzaro et de Reggio Calabria). Celles-ci, ainsi que la province de Messine en Sicile, ont été, au cours de l'histoire, affligées de nombreux et graves tremblements de terre, recensés dans le *Catalogue des forts tremblements de terre en Italie*[22] et dans un livre récent[23]. Mentionnons ici quelques-uns des plus importants.

Le 24 mai 1184, la région du Val di Crati, en Calabre citérieure fut secouée par un séisme qui détruisit la cathédrale de Cosenza, et dont l'intensité maximale est estimée à XI[24].

Les tremblements de terre de 1638 en Calabre centrale sont particulièrement bien documentés. Le savant jésuite Athanasius Kircher (1602-1680) fut témoin du séisme du samedi des Rameaux, le 27 mars, qui frappa la région voisine de la mer Tyrrhénienne. Il fut suivi d'un autre, le 8 juin du côté de la mer Ionienne. Kircher parle des « horribles tremblements de terre survenus l'année 1638 en

[22] Guidoboni, E., Ferrari, G., Mariotti, D., Comastri, A., Tarabusi, G.,Valensise, G., (2007-) *CFTI4Med, Catalogue of Strong Earthquakes in Italy from 461 BC to 2000 and in the Mediterranean area from 760 BC to 1500.* An Advanced Laboratory of Historical Seismology, http://storing.ingv.it/cfti4med/

[23] Romeo,V., *La Calabria, la sua storia, i suoi terremoti*, Roma, Aracne, 2014.

[24] Cf. Appendice.

Calabre auxquels l'auteur assista pendant quatorze jours au grand péril de sa vie, et à l'occasion desquels il apprit les grands secrets de la Nature[25] ». Kircher ne nous dévoile pas les grands secrets de la Nature, mais mentionne un fait « digne d'éternelle et immortelle mémoire », la destruction de Sant'Eufemia. De fait, l'intensité y atteignit XI et la ville fut reconstruite sur une hauteur à 6,5 km de distance. Les deux tremblements de terre causèrent sans doute plus de 10000 morts. Cosenza et Catanzaro subirent d'importantes destructions. De nombreux villages furent abandonnés et reconstruits plus loin. Des migrations de populations ont été mises en évidence par l'étude des dialectes locaux[26].

Le 5 novembre 1659 la Calabre centrale fut encore désolée par un séisme d'intensité maximale I_{max}= X.

Le 5 février 1783 débuta une séquence sismique qui dura plus de trois ans et présenta cinq pics d'activité, les 5, 6, 7 février, 1er et 28 mars, avec quelques centaines de chocs mineurs. Plusieurs milliers de km^2 furent dévastés en Italie du Sud. Pendant les deux premiers mois, les épicentres des secousses majeures migrèrent du Sud au Nord, le long de la chaîne apenninique, depuis l'Aspromonte vers l'isthme de Marcellinara, entre le golfe de Sant'Eufemia sur la mer Tyrrhénienne et le golfe de Squillace sur la mer Ionienne.

La première forte secousse, d'intensité maximale I_{max}= XI et de magnitude de moment[27] estimée M_w= 6,9, eut lieu le 5 février à 12 h ; elle toucha principalement la plaine située entre les Apennins calabrais et la mer Tyrrhénienne, dévastant vingt-cinq villes et villages. Elle fut suivie de deux secousses, le 6 février à 00 h 20 (I_{max}= IX-X, M_w=

---

[25] Kircher, A., *Mundus subterraneus*, Amsterdam, J. Jansson, 1678, Præfatio, caput II, p. 2.

[26] Chiodo, G., Guerra, I., Trumper, J., The 1638 earthquakes, migratory phenomena and geolinguistic consequences in Calabria, *Annali di Geofisica*, 1995, vol. 38, pp. 515-521.

[27] Cf. Appendice.

6,2) qui causa de très graves dégâts en Sicile, à Messine en particulier, et le 7 à 13 h 10 (I_{max}= X-XI, M_w= 6,4) ressentie dans une vaste zone entre Messine et Matera (Basilicate), qui provoqua de nouvelles destructions dans les régions déjà éprouvées par les chocs précédents. Le mois suivant, la secousse du 1er mars à 01 h 40 (I_{max}= IX-X, M_w= 5,6) affecta surtout la région plus au nord des précédentes. Enfin, la dernière des fortes secousses, le 28 mars à 18 h 55 (I_{max}= XI, M_w= 7,0), fut ressentie dans toute l'Italie méridionale et eut des effets catastrophiques dans la région de l'isthme, au sud de Catanzaro.

La Calabre citérieure fut frappée par de forts séismes, le 12 octobre 1835, le 12 février 1854 et le 4 octobre 1870, qui causèrent de graves dommages à Cosenza.La Calabre ultérieure fut encore dévastée le 8 septembre 1905 (séisme de Monteleone, I_{max}= X-XI) et le 23 octobre 1907 (province de Reggio Calabria, I_{max} = IX).

Enfin, le grand tremblement de terre du 28 décembre 1908 détruisit Messine (I_{max} = XI) et Reggio (I_{max} =X), causant plus de 80 000 morts. Il fut suivi de fortes répliques pendant cinq ans.

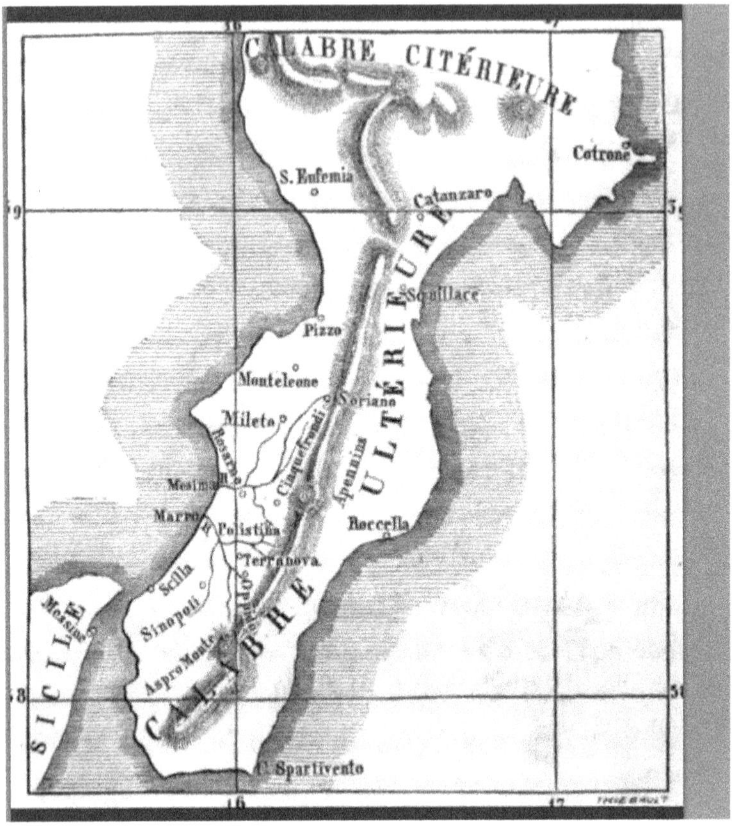

Fig. 1 : Carte de Calabre (Lyell, 1846).

CHAPITRE II

Rapports et récits sur les séismes de 1783

Despuig

Le comte majorquin Antonio Despuig y Dameto (1745-1813), jésuite qui devait recevoir le chapeau de cardinal en 1803, était, en 1783, chanoine de la cathédrale de Palma. Voulant visiter la Sicile, il s'était embarqué à Naples pour Messine, le 1er février et, le 5, il mouillait devant Tropea, où il fut témoin de la première secousse. Il resta en Calabre jusqu'au 11 mars et relata ses observations[28].

La plupart des relations que nous allons examiner par la suite sont, ou bien de seconde main, fondées sur des lettres de témoins, ou bien écrites par le Vicaire général du Roi ou les Académiciens qui se rendirent sur place dès que la nouvelle fut connue à Naples. Enfin d'autres récits sont dus à des voyageurs qui parcoururent le pays, parfois quelques années après la catastrophe. Le récit de Despuig est l'une des quelques relations du tremblement de terre en Calabre rédigées par un témoin direct.

Débarqué sur la plage de Tropea, Despuig détaille minutieusement la première secousse : une rumeur souterraine accompagna deux violents chocs verticaux, le mouvement devint alors immédiatement ondulatoire pendant moins d'une minute. La terre resta calme ensuite pendant environ deux minutes, puis s'agita de nouveau avec la même violence que lors des premiers chocs, avec un bruit semblable à une canonnade à quelques milles de distance.

---

[28] Despuig, A., *Varias observaciones hechas en el terremoto acaecido en la Calabria ulterior, año de 1783*, trad. en italien, Tropea Magazine, 24 janvier 2011.

Après deux minutes, le mouvement devint de nouveau vertical pendant quatre minutes.

Puis, poursuit Despuig, les clameurs des gens qui fuyaient la ville pour se réfugier sur la plage et l'horreur de voir de près s'écrouler les principaux édifices, lui firent oublier d'observer. Suivis de la population, Despuig et ses compagnons cherchaient un refuge, en évitant les nombreuses crevasses qui s'étaient ouvertes dans le sol. Il y eut plusieurs autres secousses dans l'après-midi et dans la nuit suivante. Le brouillard qui empêchait de voir le Stromboli ne se dissipait pas.

Il décrit les angoisses de la population, à laquelle il apportait les secours de la religion, ainsi que les premières dispositions prises pour fournir un abri et de la nourriture aux réfugiés, avec le résultat que, dès le quatrième jour, la population fut pourvue du nécessaire.

A la tombée de la nuit arriva la nouvelle de la destruction de Casalnuovo (aujourd'hui Cittanova), où huit mille personnes étaient mortes, dont la princesse de Gerace. L'équipage d'une petite felouque leur dit que Bagnara n'existait plus. On apprit que la Calabre citérieure n'avait pas souffert, ce qui fit espérer que la capitale n'avait pas été touchée par la catastrophe.

Durant la nuit suivante et à l'aube du 7, il y eut des chocs très violents. A dix heures, l'archidiacre de la cathédrale célébra la messe, il y eut une très forte secousse au moment de la consécration et il fallut maintenir le calice et l'hostie pour éviter un sacrilège.

Il arriva une petite barque, en provenance de Scilla, avec deux marins rescapés du raz de marée qui avait emporté huit cents personnes et le comte de Sinopoli.

On doit noter ici, avec Placanica, que la mort de Fulco Antonio Ruffo (1702-1783), 13ème comte de Sinopoli et 6ème prince de Scilla, dut apparaître comme un signe doué d'un immense pouvoir de suggestion. « Signe des signes, *topos* canonique de tous — absolument tous — les écrits du temps, qui conjugait la vengeance de Dieu, la Némésis de l'histoire, la justice des hommes[29] ». Appartenant à l'une des plus vieilles familles du royaume, le prince s'était rendu tristement célèbre par les mauvais traitements et les vexations qu'il infligeait à ses sujets. Comme nous le verrons dans d'autres récits, il avait cru échapper au danger en se réfugiant sur un bateau, mais un raz de marée l'emporta et on ne retrouva jamais son corps.[30] La mort de la princesse de Gerace, fut également rapportée dans tous les récits. À la différence du prince de Scilla, la princesse Teresa Grimaldi (1733-1783) était apparemment aimée de ses sujets (*v. infra*), mais si sa mort ne parut pas une vengeance divine, elle n'en suscita pas moins, comme celle du prince, l'intérêt de tous les auteurs des relations[31].

Despuig n'oubliait pas de faire les quelques observations scientifiques en son pouvoir. Ainsi, voulant voir combien de fois la terre tremblait pendant la nuit, il construisit un petit pendule rudimentaire formé de deux anneaux enchaînés desquels pendait un plomb ; il s'aperçut que la terre ne s'arrêtait que très rarement de trembler.

Une barque arriva de la Sicile, apportant la nouvelle de la destruction de Messine. Craignant que les amis qu'il devait y voir ne fussent morts, Despuig pensa retourner à Naples, mais finalement décida de rester sur la plage, au milieu de la population qui maintenant le connaissait et qu'il pouvait aider.

---

[29] Placanica, *Il filosofo e la catastrofe, op. cit.*, p. 167.

[30] Lors du tremblement de terre de Lisbonne en 1755, la mort de l'ambassadeur d'Espagne, le comte de Perelada, écrasé par les armoiries de pierre au-dessus du portail de son palais, avait aussi constitué un fait jugé comme l'un des plus importants, rapporté dans toutes les relations du désastre (Poirier, *Le tremblement de terre de Lisbonne,op.cit.*).

[31] Placanica, *L'Iliade funesta, op. cit.*, p. 105.

Au 12 était fixée la date d'une procession solennelle, où tous les habitants des villages voisins étaient conviés pour implorer la miséricorde du Seigneur par l'intercession de Sainte Dominique, protectrice de Tropea. Ces gens racontaient que des montagnes s'étaient ouvertes et que des villages entiers avaient été transportés. Despuig, doutant de la véracité de ces récits, décida de « se rendre personnellement compte des effets d'un phénomène qu'il n'aurait peut-être plus jamais l'occasion de voir ».

A Palmi, il fut surtout frappé du malheur des rescapés, en proie aux larmes, à la faim et à l'horreur que suscitait la vue de tant de cadavres défigurés extraits des ruines.

Après avoir quitté Palmi et Mileto, il partit de Monteleone pour observer les grandes déchirures qui s'étaient ouvertes dans les montagnes. Du haut de la montagne dont une partie s'était détachée, il vit, réduit en un tas de ruines, l'imposant édifice de la chartreuse de Santo Stefano del Bosco, un des monastères les plus importants du monde chrétien où saint Bruno, fondateur de l'ordre des Chartreux, s'était retiré. Le 17, il reprit la route pour Soriano et vit les ruines du couvent des Dominicains. « Qui pourrait, dit-il, en imaginer la grandeur en voyant la montagne de ruines en laquelle il avait été réduit ? »

Par mer puis par terre, Despuig arriva le 16 mars à Naples.

Le rapport du Vicaire général Pignatelli

Le 14 février une frégate apporta à Naples la nouvelle du désastre de Messine et de Calabre. Le maréchal de camp Francesco Pignatelli, prince de Strongoli (1732-1812), fut immédiatement nommé Vicaire général du Roi en Calabre, avec toute autorité, *ut alter ego*, pour organiser les secours et faire un rapport. Parti de Naples dès le 16 février, il arriva le 22 — c'est-à-dire avant les deux dernières fortes secousses — à Monteleone[32], où il établit son quartier général, et ne retourna à Naples qu'en juillet. Pignatelli fut donc témoin direct de la plus grande partie de la catastrophe. Sa relation ne fut pas imprimée mais circula immédiatement sous forme manuscrite et fut utilisée par plusieurs auteurs, en particulier Giovanni Vivenzio (*v. infra*). Elle est reproduite intégralement, d'après le manuscrit original, dans le livre de Placanica *L'Iliade funesta*[33].

En 127 articles, Pignatelli donne région par région et ville par ville, la description des destructions des bâtiments et des dégâts dans les cultures (oliviers, mûriers, vignes, agrumes, etc.), ainsi que le nombre exact des morts dans toutes les catégories de la population : hommes, femmes, enfants, moines et nonnes de chaque ordre religieux. Il estime, cas par cas, si le nombre de travailleurs survivants est suffisant pour l'entretien des cultures. Il note aussi tous les changements dans le paysage : crevasses, gouffres, glissements de terrain, nouveaux lacs, etc.

Rapportons ici quelques observations parmi les plus notables.

À Seminara, de nombreuses églises furent détruites et le nombre des victimes fut très important. Sur une population de 1823 âmes, il en mourut sous les ruines 1281, soit 421 hommes, 334 femmes et 526 enfants, auxquels il faut ajouter 32 nonnes de San Mercurio et 23 de l'Annunziata, 7 moines Basiliens[34], 3 Dominicains, 10 Conventuels[35], 1

---

[32] En 1928, sous le régime fasciste, Monteleone fut rebaptisée de son ancien nom romain, Vibo Valentia.

[33] Placanica, *L'Iliade funesta, op. cit.*, pp. 51-108.

[34] Les moines Basiliens suivaient la règle donnée par saint Basile le Grand (330-379).

[35] L'Ordre des frères mineurs, fondé au début du XIIIe siècle par Saint François d'Assise, se scinda, au cours du XVe siècle, entre les Conventuels et les Observants, partisans de l'observance de la règle primitive de saint François.

Paolotto[36], 7 Observants et 3 Capucins. On peut donc calculer qu'au total, la ville perdit 75% de ses habitants.

Un verger d'une surface d'environ deux *tomolate*[37] fut transporté avec ses chemins sur une distance d'un mille et un paysan nommé Pietro Barilla, perché sur un oranger, fut emporté avec la terre, sans aucun dommage pour sa personne.

Bagnara subit un sort non moins funeste. Situées sur un lieu escarpé dominant la mer Tyrrhénienne, ses maisons s'écroulèrent les unes sur les autres. De 5658 habitants, il en mourut 3324 (soit près de 60%).

À Casalnuovo, toutes les habitations et les pressoirs d'huile furent détruits jusqu'aux fondations. Sur 5590 habitants, 2008 moururent, dont la princesse de Gerace.

À deux milles de Laureana, qui se trouve sur les bords du fleuve Ieropotamo, il y a deux petites vallées qui convergent en une seule ; du fond de ces vallées on vit surgir deux torrents de boue, semblables à de la lave du Vésuve, qui se réunirent en un seul torrent qui dévala à grande vitesse de l'est à l'ouest en s'élargissant, engloutissant trente chèvres et déracinant les arbres qui flottèrent comme des bateaux.

À Scilla[38], dans la nuit alors que la mer et l'air étaient calmes, on entendit un bruit épouvantable causé par l'effondrement d'un morceau de terre d'un mille[39] et demi de côté détaché de la montagne dite Campallà. Puis on vit

---

[36] Les religieux de l'ordre des Minimes, fondé par saint François de Paule (1416-1507) étaient surnommés « paolotti ».

[37] La *tomolata* était une mesure de surface agraire qui valait environ un tiers d'hectare dans la province de Monteleone. C'était la surface de terrain que l'on pouvait ensemencer avec un *tomolo* (environ 55 litres) de grain. Deux *tomolate* correspondent à peu près à la surface d'un carré de 80 m de côté.

[38] Article écrit sous la tente à Monteleone, le 26 avril 1783.

[39] Le mille (*miglio*) en usage dans le Royaume de Naples valait environ 1845 m.

arriver de la mer, avec un bruit horrible, deux immenses vagues qui se lancèrent sur la grève, engloutissant barques et tentes des gens qui s'y étaient réfugiés, et causant la mort de 1431 personnes, dont le comte de Sinopoli[40].

Dans le territoire de la Serra, dans la province de Monteleone, il y avait la fameuse chartreuse de Santo Stefano del Bosco. Pignatelli en décrit les dégâts en détail et note qu'aucun des cinquante moines ne mourut.

Non loin de là, Soriano (aujourd'hui Soriano Calabro dans la province de Vibo Valentia) avait peu souffert de la secousse du 5 février, mais fut entièrement détruite le 7. Un grand nombre d'habitants faisaient le tour du pays en procession, portant la statue de saint Philippe de Néri, considéré comme protecteur contre les tremblements de terre[41], et beaucoup furent écrasés sous les ruines. Pignatelli note que Romualdo Magnella de Soriano trouva sous les ruines, après trente-deux jours, deux porcs encore vivants, qu'il croyait déjà pourris (*imputriditi*).

Dans le magnifique couvent des Dominicains, écrit Pignatelli, il y avait trois cloîtres, un en haut et deux en bas, chacun de six cent quarante palmes au carré[42] d'extension et un autre moins grand derrière l'église. La secousse du 5 février fit écrouler la coupole de l'église, la chambre du prieur située dans le cloître supérieur et tout ce qu'il y avait en dessous. Le 7 février fut détruit tout le reste, à l'exception de deux pilastres de l'église hauts de cent palmes et d'une partie de la façade. Il y avait 65 moines, mais seulement deux moururent.

---

[40] Le nombre des victimes à Scilla varie considérablement d'une relation à l'autre.

[41] Cf. Poirier, J.-P., Saints as protectors against earthquakes in popular culture in Italy and Latin America, *Earth Sciences History*, vol.37, 2018, pp. .

[42] Le palme, à Naples,valait 0,263 m. La longueur de 640 palmes pour le côté du cloître équivaut à environ 168 m.

Fig.2 : Couvent des Dominicains de Soriano (Photo J.-P. Poirier)

Ce couvent, fondé en 1510, n'avait subi aucun dommage lors du tremblement de terre de 1638, sans aucun doute grâce à la protection de Saint Dominique, comme l'affirme le jésuite Recupito (*Sorianum planè indemne : nec dubium quin D. Dominici beneficio*)[43], mais la protection du saint

[43] Recupito, G., C., *De Vesuviano incendio et de terræmotu Calabriæ nuntius*, Roma, De Rubeis, 1670.

ne fut pas de longue durée : le couvent fut presque entièrement détruit par le séisme de 1659 ; reconstruit dans le style baroque, c'était un des couvents les plus riches et les plus célèbres d'Europe. On y vénérait, dans l'église, une toile miraculeuse représentant Saint Dominique, apportée, croyait-on, par la Sainte Vierge et les saintes Marie-Madeleine et Catherine d'Alexandrie.

La destruction du couvent fut achevée par la population qui pilla les ruines pour en utiliser les matériaux. « Il y avait à Soriano une sacristie d'un art merveilleux qui n'avait pas souffert du tremblement de terre. Elle fut détruite par les habitants pour arracher un peu de laiton qui liait des pièces de bois[44] ».

Grimaldi

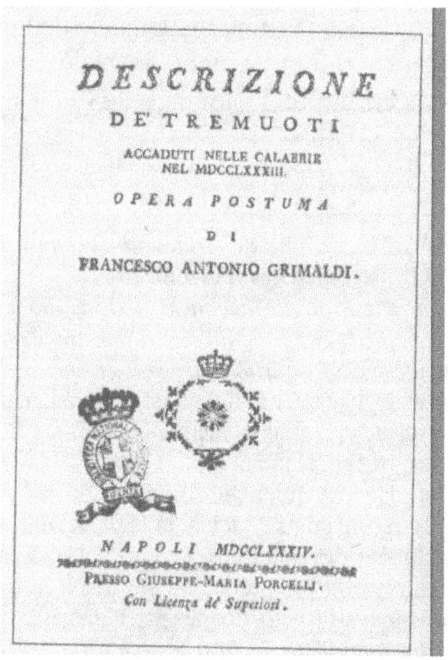
DESCRIZIONE
DE' TREMUOTI
ACCADUTI NELLE CALABRIE
NEL MDCCLXXXIII.
OPERA POSTUMA
DI
FRANCESCO ANTONIO GRIMALDI.

NAPOLI MDCCLXXXIV.
PRESSO GIUSEPPE-MARIA PORCELLI.
Con Licenza de' Superiori.

Fig. 3 : Grimaldi, *Descrizione de' Tremuoti...*, Frontispice.

---

[44] Placanica, *Il filosofo e la catastrofe, op.cit.*, p. 26.

Le juriste et philosophe Francescantonio Grimaldi (1741-1784), assesseur de l'Intendance de la Guerre et de la Marine, frère de l'économiste marquis Domenico Grimaldi (1734-1805), était né à Seminara, ville qui fut détruite par le tremblement de terre. Sa *Description des tremblements de terre advenus dans les Calabres en 1783*[45] fut publiée après sa mort par son ami l'académicien napolitain Giuseppe Cestari (1751-1799), qui précise que Grimaldi la rédigea en trois jours seulement, à la demande du Roi[46]. Il paraît clair qu'une partie de la relation fut empruntée au rapport officiel du Vicaire général Pignatelli[47].

Après avoir rapporté l'extension des régions touchées par le tremblement de terre, Grimaldi mentionne que « le mouvement dura environ deux minutes et que la secousse fut d'abord ondulatoire d'ouest en est et se termina par un violent choc qui causa la ruine instantanée de tant d'édifices et des habitants qui n'avaient pu, dès les premiers mouvements, s'enfuir et s'éloigner des constructions qui s'écroulaient[48].»

---

[45] Grimaldi, F.A., *Descrizione de' tremuoti accaduti nelle Calabrie nel MDCCLXXXIII*, Napoli, G.M. Porcelli, 1784.

[46] « *Tu avrai con questo foglio acchiusa la descrizione dei Tremuoti accaduti nelle Calabrie, che il defunto per Sovrano Comando fu nell' obbligo di distendere tra lo spazio di tre soli giorni , e chi scrive ne fu testimonio* ». Le texte de Grimaldi n'est pas rédigé à la première personne, et se présente effectivement plus comme un rapport que comme les souvenirs d'un témoin.

[47] En particulier, la description de Grimaldi du torrent de boue à Laureana (p. 12) est identique, mot pour mot, à celle du rapport de Pignatelli. Les chiffres des nombres de morts et de la population, que Grimaldi n'a évidemment pas pu obtenir sur place en trois jours, sont identiques pour la plupart à ceux donnés par Pignatelli.

[48] *Il moto durò due minuti circa : la scossa fu nelle prime ondulatoria, da Occidente ad Oriente, e terminò con una violente succussione, che cagionò l'istantanea rovina di tanti edifizj, e degli abitanti, che a'primi movimenti non ebbero l'agio di fuggire, ed allontanrsi dalle cadenti fabbriche.*

Il parle ensuite des villes entièrement détruites, et donne la statistique des victimes : À Casalnuovo, qui avait pourtant été reconstruite après le tremblement de terre du siècle passé de façon se protéger à l'avenir, la secousse fut si violente qu'il ne reste plus aucun vestige des édifices. La princesse de Gerace mourut sous les ruines de sa maison. Il s'ouvrit des gouffres longs et profonds qui engloutirent cinq cents moutons et cinq hommes.

À Seminara (sa ville natale), il y eut 1381 morts sur 8000 habitants[49]. Il ne reste plus aucun vestige de ses magnifiques bâtiments, seulement un horrible tas de pierres et de chaux. Bagnara était construite sur une colline de calcaire qui finissait sur le rivage de la mer et qui s'est totalement écroulée, il n'en reste plus rien et des 5638 habitants, 3324 ont péri.

Messine était une des plus belles et plus florissantes villes d'Italie ; elle est maintenant réduite à un tas de pierres (*Ora è ridotta in un mucchio di pietre*).

La nuit du 5 février, une seconde secousse moins forte que la première produisit un raz de marée entre la pointe du Faro (au NE de la Sicile) et celle de Scilla. Le vieux château de Scilla, sur la roche, avait bien résisté à la secousse, mais « les gens, sains et saufs, se réfugièrent sottement (*scioccamente*) sur la plage ». Le raz de marée emporta le prince et 2435 habitants. Le lendemain, on trouva des cadavres sur le toit des maisons à un quart de mille du rivage ; on ne retrouva pas le corps du prince qui fut sans doute la proie des poissons.

Grimaldi poursuit son rapport par un chapitre sur « l'état » des volcans, Etna, Stromboli et Vésuve, et conclut que la prétendue communication entre les volcans de Sicile et le Vésuve est démentie par les bonnes raisons et les observations des naturalistes.

Il parle enfin des secours envoyés par la Cour.

---

[49] Le chiffre des morts est différent de celui donné par Pignatelli.

Les dépêches diplomatiques

Servanzi, administrateur de la Nonciature Apostolique

Le 11 février, l'abbé Severino Servanzi, administrateur de la Nonciature Apostolique de Naples, envoya au cardinal Lazzaro Opicio Pallavicini, Secrétaire d'État du pape Pie VI, une dépêche qui constitue le premier document officiel relatant la catastrophe[50]. Il mentionne que, dès le 10 février deux bâtiments venant, l'un de Milazzo en Sicile et l'autre des côtes calabraises, étaient arrivés dans le port de Naples apportant la nouvelle du séisme, qui n'arriva officiellement à la Cour que le 14 février par la frégate *Santa Dorotea* en provenance de Messine.

Le 15, il rapporte que les difficultés de communication avec la Calabre empêchent d'avoir des informations sûres, mais que l'on parle de plus de trois cents villages détruits, et que la princesse de Gerace, avec toute sa famille, est restée sous les ruines. Une lettre envoyée de Messine, lui apprend la ruine totale de la ville et l'incendie, que les frégates en rade tentent de juguler en tirant au canon sur les édifices en feu. Une troupe de malandrins a saccagé les maisons les plus riches et un jeune homme de 24 ans a déjà été pendu pour avoir volé quatorze onces d'or.

Le triste sort du prince de Scilla n'est, bien sûr, pas oublié.

Servanzi envoya de nombreuses dépêches au Secrétaire d'État, le tenant presque journellement informé de la situation.

---

[50] Les dépêches manuscrites de Servanzi, conservées aux Archives secrètes du Vatican, sont citées dans l'ouvrage de Gaudioso, *Una tragedia sismica nella Calabria del Settecento, op. cit.*

Alberti, ambassadeur de la République de Venise

Dans sa première lettre[51] du 18 février au Doge et au Sénat de Venise, Andrea Alberti écrit que dès que la nouvelle du désastre fut parvenue à Naples le roi ordonna un triduum de prières en la cathédrale, l'arrêt de tous les spectacles et fit appareiller vers Messine des vaisseaux chargés de provisions, de vêtements, de tentes, de bois, etc. Par voie de terre, il envoya de même le maréchal de camp Pignatelli en qualité de Vicaire général pour porter secours aux Calabrais.

Les lettres d'Alberti sont intéressantes en ce qu'elles rapportent les réactions dans la capitale.

Le 25, Alberti parle des mesures prises par le Ministère, soucieux dans ces douloureuses circonstances, de contenir la nombreuse plèbe si prompte à s'émouvoir et à éclater, sous n'importe quel prétexte, en violences contre le gouvernement. Les prédications et les processions furent interdites et les prêtres, curés et autres religieux furent enjoints de s'abstenir de toute déclamation au sujet du terrible fléau. Des gardes furent disposées pour empêcher les personnes de fuir des lieux sinistrés.

Dans une lettre du 11 mars, il parle des ouvertures de la terre, des montagnes écroulées, de la mer qui, à Scilla, a envahi les terres sur un demi-mille et a englouti plus de deux cents personnes avec le prince feudataire. Puis il donne une liste des principales villes détruites avec le nombre de morts.

Le 18 mars, Alberti raconte qu'un élève d'un des trois conservatoires ayant été arrêté, quarante de ses condisciples s'étaient présentés à la prison et sous des menaces et violences l'avaient fait remettre en liberté. Émue par une si grande audace, Sa Majesté fit entourer le conservatoire par

---

[51] Les principales lettres de l'ambassadeur, conservées à l'Archivio di Stato de Venise, sont citées par Placanica dans *L'Iliade funesta, op.cit.* pp. 185-192.

une troupe de sbires et arrêter les quarante jeunes gens. Liés quatre par quatre, le visage couvert, ils furent conduits publiquement le long des rues remplies d'une foule immense vers une galère où, fers aux pieds, ils devront rester jusqu'à ce que le Souverain décide de leur sort.

Le 1er avril, il rapporte que dans la nuit du vendredi précédent, on ressentit à Naples une secousse notable qui fit craindre un tremblement de terre, mais que certains attribuèrent à un fort coup de vent. Quoi qu'il en soit , les nombreuses personnes de la noblesse, qui se pressaient dans le palais du prince de Paternò au cours d'une réception en l'honneur de l'accouchement d'une fille du marquis della Sambuca[52], prirent la fuite et se firent conduire dans des lieux découverts, où les plus timides passèrent toute la nuit dans leurs carrosses. On disposa des gardes dans tous les quartiers pour prévenir un soulèvement de la plèbe, qui heureusement n'eut pas lieu.

Il faut noter que le vendredi précédent était le 28 mars, et la secousse était évidemment due, non à un coup de vent, mais au dernier choc violent du tremblement de terre, ressenti à Naples avec l'intensité IV. D'ailleurs, Alberti semble s'en être persuadé et le 8 avril, il rapporte que d'importants dégâts ont été causés à Catanzaro le 28 mars.

Le 27 mai, il parle du retour de Hamilton de sa tournée dans les régions ravagées.

---

[52] Giuseppe Beccadelli di Bologna, marchese della Sambuca (1726-1813) fut premier secrétaire d'État (c'est-à-dire premier ministre) de 1776 à 1786.

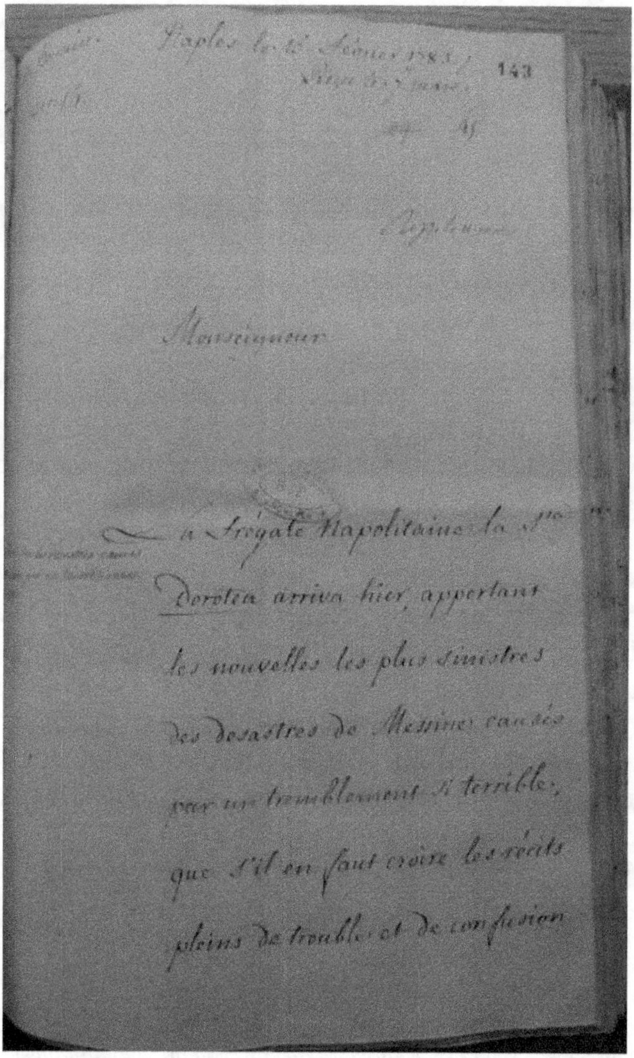

Naples le 15 février 1783

143

Monseigneur

La Frégate Napolitaine la Ste Dorotea arriva hier, apportant les nouvelles les plus sinistres des desastres de Messine causés par un tremblement si terrible, que s'il en faut croire les récits pleins de trouble et de confusion

Fig. 4 : Lettre de Vivant Denon à Vergennes, 15 février 1783 (Archives du ministère des Affaires étrangères).

Dominique-Vivant Denon (1747-1825), qui devait devenir, en 1802, le premier directeur du Musée du Louvre, fut secrétaire d'ambassade, puis, au départ de l'ambassadeur en 1782, chargé d'affaires auprès de la Cour de Naples jusqu'en 1785. Il envoyait, presque deux fois par semaine, des dépêches au ministre des Affaires étrangères le comte de Vergennes (1719-1787)[53]. Les dépêches de Denon présentent un intérêt particulier du fait qu'elles mentionnent, à l'usage du ministère, des détails sur les réactions à Naples, sur les mesures officielles prises et la façon dont les secours ont été envoyés et reçus, ainsi que sur les difficultés rencontrées ; détails qui sont naturellement absents des relations officielles napolitaines.

Dans sa dépêche[54] du 15 février 1783, apportant la nouvelle de la catastrophe, Denon écrit : « Monseigneur, La frégate napolitaine, *La Santa Dorotea*, arriva hier, apportant les nouvelles les plus sinistres des désastres de Messine causés par un tremblement si terrible que, s'il en faut croire les récits pleins de trouble et de confusion que l'on a de ce fatal événement, il n'est resté de cette ville que deux églises et la citadelle. Les premières secousses furent senties le 5 de ce mois à une heure après midi ; les plus effrayés qui abandonnèrent tout ont sauvé leur vie ; mais ceux qui, rassurés par le souvenir peu effrayant du tremblement de terre de 1780, ou qui, pressés par de plus grands intérêts, ont bravé les premières secousses, ont péri sous les débris de leurs habitations qui se sont écroulées aux secondes. On

[53] La correspondance entre Vivant Denon et Vergennes, conservée aux Archives du ministère des Affaires étrangères est intégralement publiée dans l'ouvrage *Négocier sur un volcan, Dominique-Vivant Denon et sa correspondance de Naples avec le comte de Vergennes (1782-1785)*, Édition critique par F. Janin, Bruxelles, P.I.E. Peter Lang, 2007. Aux Archives, les dépêches concernant la période du tremblement de terre sont sous la cote [Corr. pol. Naples, vol. 108-109].

[54] Corr. pol. Naples, vol. 108, fol. 143-148v.

ne sçait point encore le nombre des morts : on fait monter à douze mille ceux qui sont perdus, mais ce ne sera que quand ceux qui ont pris la fuite reviendront, ou auront donné de leurs nouvelles que l'on pourra compter les victimes de ce fatal événement. [...]

Messine n'a pas été la seule victime de ce tremblement de terre, et dans la direction du sud-est au nord-ouest, on rapporte qu'il a endommagé Melazzo, et ruiné en terre ferme les villes de Bagnara et de Reggio, Gerace jusqu'à Cariati où se sont terminés les désastres. [...]

On nomme déjà parmi les morts à Messine M. Bretel Consul de Hollande et le plus riche négociant de cette ville ; à Scilla, le Prince de Scilla qui s'est noyé en voulant se sauver sur une barque qui a été écrasée par une roche ; et à Bagnara, la Princesse de Gerace [...]. »

Les spectacles ont été suspendus à Naples et l'on a ordonné des prières publiques pendant trois jours.

« P.S. Si les détails que j'ai l'honneur de Vous donner, Monseigneur, sur des objets si importants, Vous paraissent rendus d'une manière si équivoque, je Vous prie de l'attribuer à la diversité et à l'obscurité des rapports que nous avons ici. [...] Les uns disent que trois cent villes, bourgs et villages sont annéantis, d'autres trente. [...] Il résulte de ces exagérations et du soin que l'on a de cacher ces calamités, qu'il y a un grand mal réel et peu de moyens dans ce moment pour le réparer, les comestibles étant rares ici et le bled cher malgré que les récoltes passées ayent été abondantes et que la récolte prochaine annonce devoir l'être. »

Le 11 mars, Vergennes répondit[55] à la dépêche de Denon, reçue le 7 :

« [...] La renommée nous avoit appris vaguement, M., les désastres de Messine et de la Calabre lorsque votre lettre

---

[55] *Ibid.,* fol. 203-204v.

n° 14 les a confirmés. M. de Pio[56] a reçu aussi de M. le marquis de La Sambuca une dépêche qu'il avoit ordre de me communiquer dans laquelle j'ai trouvé quelques détails qui vous étoient inconnus. Le roy a ressenti la plus vive douleur de ces affreux événemens. [...] Aussitôt que vous aurez reçu cette lettre, M., vous voudrez bien vous transporter chez M. le marquis de La Sambuca. Vous exprimerez dans les termes les plus touchants à ce ministre la part que le roy a prise à l'horrible fléau dont les États de Sa Majesté sicilienne viennent d'être frappés, et vous lui offrirez de la part de Sa Majesté les secours dont la Sicile et la Calabre peuvent avoir besoin. [...] »

La lettre du marquis de La Sambuca, en date du 18 février, fut traduite par les services du ministère[57] :

« Pénétré de la plus vive douleur et à mon extrême regret je dois participer à Votre Illustrissime Seigneurie que le 5 du mois courant[58] vers le milieu du jour et les nuits suivantes un tremblement affreux et qui ne s'est jamais fait sentir avec tant de fureur par des secousses aussi fréquentes et multipliées qui duroient encore les jours suivants, selon des avis reçus par des exprès, a ruiné les villes de Messine en Sicile, Reggio, Palmi, Bagnara, Seminara, Milet, Saint Georges, Terra nova, Casalnuovo, Oppido et non peu d'autres lieux de la Calabre ultérieure en endommageant beaucoup d'autres de la même province et surtout Scilla, Catanzaro et Monteleone. [...] La perte la plus grande et presque irréparable a été à Messine. Cette ville ne présente qu'un amas de ruines sous lesquelles sont ensevelis un grand nombre d'habitans. [...]

---

[56] L'abbé Luigi Pio (c.1740-c.1820) était, depuis 1781, chargé d'affaires à l'ambassade de Naples à Paris.

[57] *Ibid.*, fol. 153-154v.

[58] *Penetrato dal più vivo dolore e con mio estremo rincrescimento,debbo participare a S^{a}.S. $Ill.^{ma}$., come al 5 del corrente, etc.* (fol. 155 sqq).

Les mêmes mesures [que pour la Sicile] et d'autres encore ont été prises avec la plus grande sollicitude pour la Calabre où a été expédié par terre en qualité de Vicaire général le Maréchal dom Francesco Pignatelli accompagné de différents officiers et ingénieurs, avec des sommes d'argent et autres provisions de différente nature pour secourir de la main à la main les plus indigents et les plus dépourvus, à l'effet d'empecher qu'ils ne désertent pas des lieux qu'ils habitent, de faire des réparations de la manière possible aux endroits endommagés et ruinés, de réprimer les excès et les désordres qui suivent ordinairement de pareils événements sinistres. [...] »

Le 22 février[59], Denon écrit : « Les nouvelles que l'on reçoit à chaque instant, Monseigneur, des agents des Seigneurs qui ont des terres en Calabre, nous font connaître que les plus grands dégâts du tremblement de terre ont été éprouvés dans la Calabre ultérieure. D'après tous les rapports on doit fixer le centre de l'ébranlement au mont Aspero[60] dans la grande chaîne des Apennins, puisque la dévastation a diminué en raison de l'éloignement de cette montagne. Casalnovo qui en est tout près, village de quatre à cinq mille âmes, a été renversé avec une telle rapidité qu'il ne s'est pas sauvé une seule personne de toutes celles qui étaient dans les maisons. C'est là qu'a péri la Princesse de Gerace, Dame de ce lieu.[61] Stilo a été séparé en deux par une ouverture qui s'est formée dans le milieu du bourg. [...] Il a résulté du silence de ceux qui devoient naturellement en informer et du peu de connaissance que l'on n'a pu par conséquent prendre dans les premiers momens de l'état des choses, que les secours les plus considérables ont été

[59] *Ibid.,* fol. 175-178.

[60] L'Aspromonte.

[61] Denon corrige ici sa dépêche du 15 février, dans laquelle il faisait mourir la princesse à Bagnara.

envoyés à Messine qui paroît actuellement en avoir eu moins besoin que les villes de Calabre. »

Le 1er mars[62] : « [...] Lorsqu'on chargea les Bâtimens qui devoient porter les secours à Messine, Monseigneur, les Lazarons[63] qui sont les portefaix du pays, s'empressèrent de transporter les effets des magasins sur les Bâtimens ainsi que les comestibles que l'on y embarquait. Lorsque les Officiers du Roi leur proposèrent de les payer, ils répondirent unanimement qu'ils ne recevoient point d'argent pour un tel travail, qu'ils ne pouvoient secourir leurs frères autrement, mais puisque le Roi vouloit bien les payer, ils prioient Sa Majesté de distribuer cet argent aux pauvres Messinois dans la peine. Je n'ai pas cru, Monseigneur, devoir Vous laisser ignorer ce trait de générosité et de sensibilité qui peut caractériser une classe de l'État que les Voyageurs se sont plu à dépeindre comme une horde à part, composée d'espèce de sauvages au milieu d'un peuple policé [...]. »

Le 8 mars[64] : « [...] On ne sçait point encore d'une manière certaine le nombre des victimes : on en compte déjà 26 mille. [...] Naples même n'est pas tout à fait exempt de commotions : dans la nuit du 28 au premier de ce mois, il y eut des secousses assez sensibles pour que le quart des habitans en ait été réveillé. [...] Le Vésuve fait beaucoup de bruit et ceux qui habitent sa moyenne région ont pu remarquer, malgré les nuages qui le couvrent depuis quelque temps, qu'il sortait de son cratère une colonne de fumée noire et épaisse, lancée avec une grande force. La même chose arriva il y a près de trois ans quelques jours après les premiers tremblemens de terre de Messine et la dernière éruption de l'Etna ; ce qui pourrait appuyer le

---

62 *Ibid.*, fol. 184-187v.

63 *Lazzaroni*.

64 *Ibid.*, fol. 184-197.

système de ceux qui croient aux principes communs et contigus des volcans d'Italie. [...]

PS. Au moment de fermer la lettre, Monseigneur, je reçois la note envoyée au roi par M. de Pignatelli, où est mentionnée la perte connue des hommes dans une partie des villes, bourgs et villages endommagés ou entièrement ruinés par le tremblement de terre[65].»

Le 13 mars[66] : « [...] Les dernières nouvelles de Messine parlent de la continuation des tremblemens de terre et d'une secousse très violente éprouvée le six de ce mois, dont la répercussion s'est prolongée plus avant dans la Sicile. Toutes les maisons sur les hauteurs de Messine qui sembloient avoir été épargnées dans les premiers momens se trouvent dans un tel état de délabrement que non seulement on ne peut les habiter, mais qu'elles écrasent ceux que l'on employe à y faire quelques réparations. Il a été fait deffense en conséquence d'en approcher, et il a été réglé qu'on les abbatteroit avec le canon si les tremblemens de terre n'achevoient de les renverser. Le conflit d'autorité entre M. de Realmici envoyé par le vice-roi et M. de Calvaruso gouverneur, qui vient d'y arriver a nuit à l'exécution des projets particuliers de ces deux personnages qui n'ont fait jusqu'ici que prolonger le désordre. La garnison a pillé les ruines, et les ouvriers mettent aujourd'hui les habitans à contribution, en demandant des sommes exorbitantes pour fabriquer la plus chétive cabane : exaction qui laisse exposés à l'injure de l'air les pauvres citoyens qui n'ont pas de grandes sommes pour les faire travailler. Voilà ce que nous apportent les courriers de Sicile, mais ce qui est plus affligeant encore, c'est qu'il n'y en a pas de Calabre et que ceux de Sicile qui traversent cette province pour arriver à Naples ne sont chargés

---

[65] Cette note (fol. 198-199), jointe à la lettre, mentionne un total de 26430 morts.
[66] *Ibid.,* fol. 206-212.

d'aucunes lettres pour les particuliers, ce qui fait croire au public les maux peut-être encore plus grands qu'ils ne sont réellement, et accrédite le bruit populaire que M. de Pignatelli a été blessé d'un coup de fusil que des révoltés avoient tiré sur lui. Ce qui est positif, Monseigneur, c'est que les corps de milice de la dernière levée avoient d'abord reffusé à M. de Pignatelli de marcher pour maintenir l'ordre dans les pays dévastés ; que ce n'est qu'après en avoir pendu plusieurs et promis des récompenses aux autres que la peur et l'appât du gain les a déterminé à obéir, mais qu'à peine en marche, ils se sont débandés pour la plupart et se sont joints à ceux qui battoient déjà la campagne. On n'ose point faire marcher d'infanterie de troupes réglées, dans la crainte d'en éprouver le mêmes inconvéniens. Des escadrons de cavallerie ont eu ordre de se tenir prêts, mais le deffaut de provisions en fourrage sur leur route a jusqu'à présent retenu leur marche. Enfin toutes les familles d'ici qui ont des biens ou des parens en Calabre sont dans des inquiétudes qui sont augmentées par le silence ou le langage mistérieux de la cour. […] »

Le 15 avril[67], Vergennes répond à cette lettre : « […] On frémit, M., du mal physique dont la Calabre est accablée, mais il paroît que le mal moral est au moins aussi affreux et qu'il pourra avoir des suites plus funestes. Sa Majesté sicilienne a besoin de remettre son autorité dans des mains bien fermes pour la rendre efficace. Un peuple que d'aussi grandes calamités n'ont pas porté à la vertu ne peut être contenu que par la terreur. […]. »

Le 22 mars[68], Denon : « […] La semaine dernière, Monseigneur, les conservatoristes de S. Onofrio allèrent de nuit demander et exiger du geôlier de la Vicairerie un de leurs confrères qui avoit été mis en prison pour cause d'impiété. Le gouvernement envoya le lendemain quatre

---

[67] *Ibid.,* fol. 293-293v.

[68] *Ibid.,* fol. 225-226v.

cent soldats au conservatoire pour s'emparer des trente-six élèves qui le composoient et les conduisirent aux galères jusqu'au tems ou on instruira leur procès et infligera des peines plus graves aux plus criminels[69].»

Le 22 mars[70] encore : « […] Les bruits qui couroient sur le compte de M. de Pignatelli, Monseigneur, ne sont heureusement point vérifiés : il est toujours campé près de Monteleone et malheureusement trop entouré de gens qui lui demandent des secours qui ne sont pas proportionnés aux moyens dont il est dépositaire […] ».

Le 29 mars[71] : « […] Le relevé des personnes mortes en Calabre est déjà arrivé au nombre de trente-quatre mille et l'on présume qu'il s'élèvera à quarante. […] On envoye des ingénieurs pour aider M. de Pignatelli dans ses opérations, et observer les changemens à faire dans le rétablissement des villes et le choix des emplacemens plus favorables à donner à certaines. L'Académie envoie douze de ses membres pour connaître des causes et des effets de ce terrible phénomène et en procurer une relation à l'Europe. Ils partent de Naples avec le projet d'en trouver la cause dans l'air inflammable[72], et dans quelques années, nous aurons sûrement de volumineuses dissertations qui satisferont peut-être notre curiosité si vivement excitée aujourd'hui […]. »

En dépit du « Pacte de famille » (1761), entre les Bourbons de Versailles, Madrid, Naples et Parme, et bien que la reine de Naples Marie-Caroline fût la sœur de Marie-Antoinette, reine de France, le moins qu'on puisse dire était que les relations entre la Cour de Naples et celle de France étaient tendues. Le roi Ferdinand IV ne s'intéressait pas aux

---

[69] Cette affaire avait également été rapportée par l'ambassadeur de Venise Alberti.

[70] *Ibid.,* fol. 227-228v.

[71] *Ibid.,* fol. 242-246.

[72] Hydrogène.

affaires et la reine Marie-Caroline était sous l'influence de son amant Sir John Acton (1736-1811), ministre de la Guerre et de la Marine, intrigant dont Denon ne cessait de se plaindre et que Vergennes voyait jouer « le rôle d'un antifrançois dans une cour de la maison de Bourbon[73] ». Acton avait pris prétexte d'un incident survenu lors du séjour d'une frégate française pour édicter un règlement interdisant l'entrée du port de Naples aux vaisseaux de ligne étrangers, à moins qu'ils ne déchargent leurs poudres. Cette exigeance inacceptable avait essentiellement pour but d'écarter les bâtiments français.

Le roi de France avait envoyé à Naples, à titre de secours pour les sinistrés, deux vaisseaux chargés de deux mille barils de farine, mais l'accès au port leur fut refusé.

Le 5 avril[74], Denon tient le ministre au courant de la situation : « [...] À l'arrivée de la Corvette la *Sémillante*, il fut assemblé un Conseil, où la Reine, en y entrant, dit : "Voici un bâtiment français qui nous apporte des farines, sans doute en présent, mais il ne faut pas que cette attention change rien à nos résolutions de maintenir les lois de notre Port, et que cette corvette ainsi que la frégate qui doit la suivre, soient traitées autrement qu'il a été résolu." Aucun des Conseillers d'État ne répliqua et les choses se passèrent comme j'ai l'honneur de Vous en rendre compte. » La reine, écrit Denon, avait dit en Conseil : « La France a sans doute cru que nous mourrions de faim. Il faut lui prouver que nous n'avons pas besoin de ses secours et reffuser ses offres[75]. »

Le premier ministre, le marquis de La Sambuca, écrivit à Denon, l'informant que Sa Majesté sicilienne avait été très sensible à l'offre de secours du roi de France, mais que ses ressources étant suffisantes pour pourvoir aux besoins des

---

[73] Vergennes, dépêche du 22 octobre 1782 (vol.107, fol.234-235).
[74] *Ibid.,* fol. 265-270v.
[75]. *Ibid.,* fol. 285

populations, il la déclinait, tout en exprimant la gratitude et la reconnaissance les plus vives envers le roi de France.

Le 12 avril Denon écrit que les commandants et officiers des deux navires furent fort aimablement reçus par le roi. « Sa Majesté sicilienne me chargea de faire connaître au Roi combien Elle avait été touchée du mouvement qui avait porté sa Majesté à faire porter des secours aux habitants de ses Provinces, qu'il en conserverait dans son cœur la reconnaissance la plus vive, et n'oublierait jamais une chose qui demeurerait pour lui un témoignage aussi sensible de l'attachement du Roi. [...] Il me fit l'honneur de me demander quand ces Messieurs comptaient partir : j'eus celui de lui répondre que leurs instructions avaient été de prendre ses ordres, et puisqu'il n'en avait aucun à leur donner, ils allaient retourner à Toulon au premier vent qui pourrait les sortir de la rade. Sa Majesté sicilienne, de la manière la plus gracieuse, renouvela ses remerciements à ces Messieurs et leur souhaita un bon voyage. »

Les farines retournèrent à Toulon.

Le 19 avril[76] : « Le dernier courrier de Calabre, Monseigneur, nos a appris que les tremblemens de terre continuaient à se faire sentir. [...] Le détails deviennent tous les jours plus rares par l'espèce d'inquisition qu'il semble que le gouvernement mette à en tenir les dommages cachés. Il est deffendu de s'en entretenir et dans les caffés et dans les rues, et plusieurs personnes ont été arrêtées pour en avoir parlé avec trop de liberté et de chaleur.[...] »

Ce à quoi Vergennes répond[77] : « [...] Peut-être est-il bon de distraire l'attention du peuple de Naples de ces calamités, mais en deffendant d'en parler on peut opérer un effet contraire [...]. »

---

[76] *Ibid.,* fol. 296-298v.

[77] *Ibid.,* fol. 354.

Le marquis de Breme, envoyé du roi de Sardaigne

Le rapport du marquis de Breme[78], envoyé extraordinaire du roi de Sardaigne auprès de la cour de Naples, fut expédié, dit-il, après qu'une frégate fût arrivée à Naples le 9 février[79], apportant la nouvelle de la ruine de Messine et des destructions en Calabre. Après avoir mentionné qu'environ treize mille personnes avaient péri à Messine, il énumère les villes de Calabre détruites, Reggio, Pizzo, Mileto, Bagnara, Sinopoli, Tropea, Palmi et Monteleone, et la perte d'environ cent mille personnes. Enfin, il ne peut éviter de déplorer la ruine de très nombreuses familles de grands feudataires, qu'il énumère nominativement. En particulier, le prince Spinelli de Cariati qui, outre la dévastation de dix-sept de ses terres, a perdu environ pour deux cent mille ducats d'huile qu'il tenait dans ses magasins. La noblesse a aussi perdu la brillante princesse de Gerace Grimaldi avec toute sa famille, le duc et la duchesse de Bagnara et le prince de Scilla.

Les journaux européens

La nouvelle du séisme de Calabre fut évidemment rapportée par les journaux et gazettes de tous les pays d'après les lettres de leurs correspondants à Naples et à Messine. Nous examinerons seulement deux des journaux les plus réputés d'Europe, tous deux rédigés en langue française :

---

[78] Relazione dell'orribile tremoto seguito nell'isola di Sicilia e nella provincia di Calabria li' 5, 6 e 7 febbrajo 1783, in *Documenti dell'archivio di stato di Torino*, a cura di Alberico Lo Faso di Serradifalco, s.d..

[79] La frégate *Santa Dorotea* qui apporta la nouvelle du désastre appareilla de Messine le 10 février et n'arriva à Naples que le 14, mais Severino Servanzi, administrateur de la Nonciature Apostolique de Naples, dit que, dès le 10 février, on avait appris par des bateaux la dévastation de la Calabre et de Messine.

Le *Courrier d'Avignon*, publié à Avignon, enclave pontificale dans le royaume de France, disposait de nombreux correspondants dans toute l'Europe. Il était réputé pour la qualité de ses chroniques diplomatiques internationales et son tirage était parmi les plus gros des journaux de l'époque.

La *Gazette d'Amsterdam* était l'un des plus importants des journaux européens du XVIIIe siècle; il était lu et annoté au Ministère des Affaires étrangères français.

Le Courrier d'Avignon

Le 14 mars, le *Courrier* fait état d'une lettre de Naples datée du 18 février:

« L'épouvantable calamité dont une partie de ce Royaume vient d'être frappée, a porté partout la consternation. Dès le 5 de ce mois nous ressentîmes dans cette capitale une secousse légère, à laquelle on fit peu d'attention; quelques jours après un bâtiment arrivé de Messine nous apprit que cette ville avoit été détruite par un tremblement de terre, & le 14 de ce mois ce malheureux événement nous fut confirmé par la frégate du Roi la *Ste Dorothée*. [...] Il paroit que ce fléau s'est porté avec plus de violence encore dans la Calabre ultérieure, & on reçoit journellement des détails déplorables de ses effets dans cette malheureuse province Le courrier parti d'ici Samedi passé, arriva avec beaucoup de peine à Monte-Leone, & ne put point aller au-delà, tant à cause des secousses qui se faisoient encore ressentir, que parce que la terre étoit entr'ouverte en différens endroits. Il recueillit dans cette ville les lettres, & il revint ici le 16. »

La première relation du désastre ne pouvait manquer, dès l'abord, de citer les noms des personnes de qualité qui avaient péri ou subi des pertes importantes: «Le Prince de *Cariati* a perdu 17 terres, parmi lesquelles on compte les villes de Seminara & de Palmi; le Prince d'*Ardore* en a perdu 7; enfin le Prince de *Scilla* qui s'étoit réfugié sur une barque a été englouti dans la mer, & la Princesse de *Gerace* a péri sous les ruines de son château de Casalnuovo. Ces deux dernières maisons ont vu détruire toutes leurs possessions ». La lettre fait ensuite mention des secours envoyés par le roi et du départ de Pignatelli pour les régions sinistrées.

Le 21 mars, la lettre de Naples, du 25 février, donne d'abord l'information que Don Joseph, troisième fils de Leurs Majestés âgé de 20 mois, est mort à Caserte de la petite vérole. « Cette perte a été extrêmement sensible à LL. MM. dont le cœur étoit déjà déchiré par le triste événement qui plonge le Royaume dans la consternation. Cependant S.M. ne cesse pas d'envoyer des secours de toute espèce en Calabre & en Sicile ». Suivent une liste de destructions et un « détail» sur la perte du prince de Scilla.

Le 11 avril, c'est une lettre de Paris du 3 avril qui, après avoir mentionné que « le calme n'est pas encore revenu dans la Calabre », rapporte l'information suivante : « Dans ce concours de mouvemens & de projets extraordinaires qui agitent toute l'Europe, on a imaginé que le tremblement de terre de la Calabre avoit voyagé & qu'il devoit arriver incessamment à Paris. Quelques bonnes femmes s'érigeant en Sibilles annonçoient des ravages prochains, & le peuple crédule commençoit à s'occuper des malheurs qui lui étoient promis. La Police, instruite de cette terreur, l'a faite cesser en emprisonnant la sorcière la plus allarmante, qui a avoué bonnement qu'elle n'étoit qu'une imbécile. Cependant une aurore boréale, ayant paru ces jours derniers, beaucoup de personnes ont veillé jusqu'à deux heures après minuit, pour voir l'effet que produiroit ce phénomène: l'effet a été tout naturel; il s'est dissipé & il n'y a point eu de tremblement de terre. »

Enfin, le 25 avril, une lettre de Naples du 1er avril, rapporte : « Le Vendredi, 28 du mois dernier, vers une heure après minuit, on ressentit dans cette Capitale une légère secousse de tremblement de terre qui ne causa aucun dommage, mais qui fit naître les plus grandes allarmes parmi le peuple, dont l'imagination a été si vivement frappée par le désastre récent de la Calabre. La populace, saisie de frayeur se porta en foule à la Chiaja & dans les places publiques. Heureusement la secousse ne dura pas une minute, & les gens dépêchés par le Gouvernement parvinrent à rassurer les esprits, de sorte que le peuple rentra. »

La Gazette d'Amsterdam

Le 7 mars (donc une semaine avant le *Courrier d'Avignon*), la *Gazette d'Amsterdam* fait état d'une lettre de Naples du 11 février qui rapporte qu'à Messine on avait ressenti, le 5, un violent tremblement de terre. « Le Capitaine du Vaisseau, qui vient d'apporter cette fâcheuse nouvelle, ne vit plus le lendemain, à la pointe du jour, la ville de *Messine*; il n'aperçut qu'une Nuée des plus épaisses, & lorsqu'elle se fut dissipée, il vit que la Citadelle était abîmée sous l'eau, & la ville dévorée par un Gouffre de feu. Le même Capitaine assure, qu'après ce Désastre déplorable, il n'avait pas découvert âme qui vive, sur le Rivage, excepté un Prêtre, qui paraissait chercher une Barque. »

Le 14 mars, la *Gazette* communique une lettre de Naples du 18 février, qui ressemble fort à celle publiée par le *Courrier d'Avignon*, peut-être écrite par le même correspondant, car on y trouve cités les noms des mêmes barons avec leurs pertes. « Il s'est perdu une prodigieuse quantité de Soie, de Grains, de Réglisse, d'Huile & de Vin. Toutes les Forteresses de la *Calabre* sont ruinées. »

On trouve, à la suite, un «Extrait d'une autre lettre de Naples du 18 février » qui remarque: « On ne peut exprimer l'affliction & la terreur, qui règnent en cette ville. L'on a d'abord fermé les Théâtres & suspendu tous les

Divertissemens du *Carnaval*. Plusieurs Négocians, établis ici, ayant des affaires dans les Pays désolés, ont essuyé de grandes pertes, ainsi que la Noblesse qui avait des Fiefs en *Calabre*. »

Le 18 mars, on trouve un « Extrait d'une lettre de Naples, écrite le 19 du mois dernier par M. Béliano, Négociant de cette Capitale » qui commence par ces mots : « Sans entrer dans le détail des opinions de quelques Enthousiastes qui se trouvent ici parmi la Populace, il suffira de vous dire, avec le sentiment de compassion, qu'on ne peut refuser au sort des Malheureux, que *Messine*, cette belle, grande, & riche Ville, le centre de notre Commerce & de celui du Levant, n'existe plus » Ce négociant poursuit : « Ce n'est point tout, toute la Calabre Ultérieure est engloutie; des Gouffres sont à la place des Montagnes; les belles Collines chargées de Vignobles, ne présentent plus que des Eaux stagnantes. La Mer occupe l'emplacement de plus de 300 Villages & de 40 Villes dont sept avaient un siège épiscopal. [...] Tous les Spectacles sont fermés; mais l'épaisse fumée qu'exhale le Vésuve, fait appréhender qu'il ne nous en donne un aussi Terrible que celui que nous venons de décrire. »

Le 25 mars, une lettre datée du 1er mentionne, en particulier, que « Notre Auguste Monarque continue toujours à montrer sa sensibilité par ses Soins & ses Bienfaits » et recopie la lettre que lui a adressée le Sénat de Messine, le 8 février « c'est-à-dire dans les premiers momens de la consternation » Après avoir décrit, en termes pathétiques, les ruines de la ville et la misère des habitants, la lettre termine par ces mots: « Le Sénat demande promptement à V.M. les secours nécessaires, tant en argent qu'en bras, afin que les Rues qui sont toutes remplies de ruines & de cadavres, puissent être rendues praticables. Il implore en même tems les bontés paternelles de V.M. pour qu'Elle daigne envoyer des Vivres au plus tôt, de peur que les Citoyens dispersés dans les Campagnes & qui manquent de tout ne succombent enfin à leur misère; ou qu'ils ne soient forcés de s'expatrier; ce qui ferait dans la suite un tort considérable à Votre Trésor Royal, dont les exigences, relativement aux Droits de Gabelle de la Douane, devraient rester suspendus pour le présent. Enfin le Sénat implore tous les Secours nécessaires, fours, ouvriers, &c, afin qu'il puisse rétablir non seulement les Boulangeries, mais aussi les Palais & les Habitations des Citoyens respectif. »

Dans le numéro du 1er avril, une lettre du 6 mars débute : « La Commission que le Roi a envoyée à Messine & en Calabre, vient d'écrire une Lettre à la Régence sur les dégâts occasionnés par les Tremblemens de Terre du 5 février dernier & les jours suivans. Il paraît par cette Lettre, que l'on a d'abord trop exagéré les Désastres causés par ce funeste accident, & qu'ensuite on en a trop diminué les horreurs. »

Le 15 et le 18 avril, la *Gazette* rapporte la relation du tremblement de terre « écrite par M. Michel Torcia, Bibliothécaire & Archiviste du Roi » (*v. infra*) Torcia ne fait pas mystère du peu d'estime qu'il a pour les moines fainéants et les barons rapaces.

Le 25 avril, l'extrait d'une lettre du 29 mars mentione : « Les Tremblemens de Terre ne cessent pas dans la Calabre. Le Roi a perdu par ces accidens affreux un Revenu annuel de 500,000 Ducats. »

Le 13 mai, dans une lettre de Florence du 26 avril, on peut lire, à propos de Messine, que « l'on n'avait jusqu'à présent pris aucune mesure à l'égard des Maisons ruinées; que tout y était encore dans la même situation & que les Habitans de cette malheureuse Ville se trouvent toujours dispersés çà et là dans la Campagne & dans les Environs où ils ont élevé des Barraques. »

Gallo

Andrea Gallo (1734-1814) était professeur de mathématiques et de philosophie au *Real Carolino Collegio di Messina*. Il était présent à Messine lors du tremblement de terre et en rendit compte par des lettres à des amis. Dans la première lettre, adressée au chevalier N.N., datée du 22 février, il écrit :

« Très cher ami, il est impossible que je puisse, avec un esprit calme, vous raconter en détail les phénomènes après advenus dans ma misérable patrie. [...] Le funeste spectacle que j'ai toujours sous les yeux m'opprime tellement le cœur qu'il ne me laisse pas la liberté de rassembler mes esprits pour raisonner posément. Messine, la belle Messine gît presque totalement par terre[80] ». C'est cependant par le menu et de façon imagée qu'il décrit la ruine de Messine et la terreur de ses habitants. Il parle du raz de marée, sur le rivage de Torre del Faro qui emporta les pauvres maisonnettes, les hommes, les animaux et les barques, laissant sur les terres inondées une quantité de poissons de diverses espèces ; il note qu'à la même heure une terrible inondation frappa le promontoire de Scilla en Calabre, noyant le prince et 2500 personnes.

Dans une deuxième lettre, le 22 mars, il revient sur les grands tremblements de terre qui ont jadis frappé la Sicile : En 1169, Catane fut détruite de fond en comble. Messine ne souffrit pas du grand séisme de 1456 en Italie méridionale, non plus que de celui de 1542 dans le Val di Noto. En 1638, alors que la Calabre fut dévastée, seuls quelques murs de la cathédrale de Messine furent abattus. Les tremblements de

[80] Gallo, A., *Lettere scritte da Andrea Gallo e dirizzate al Sig. Cavaliere N.N, pelli terremoti del 1783*, Messina, G. Di Stefano, 1784.

terre des 9 et 11 janvier 1693 détruisirent deux régions de la Sicile et causèrent 60 000 morts[81].

Dans les lettres suivantes (12 avril, 26 avril, 10 mai, 24 mai), Gallo s'engage dans une discussion sur les causes du séisme et les théories des Anciens et des modernes.

Dans sa lettre du 7 juin, Gallo s'amuse qu'on l'ait traité de visionnaire (*mi aveano dato il bel titolo di Visionario*) pour avoir dit, le 22 février, que du feu était sorti des crevasses du terrain. Pour sa défense, il précise qu'il a extrait lui-même des pierres brûlées qu'il a données à plusieurs personnes, dont le chevalier du Fay, venu avec les galères de Malte.

Dolomieu, à qui son ami du Fay avait évidemment montré ces pierres, ne traite pas Gallo de visionnaire, mais ne croit pas pour autant à cette histoire ; il écrit à son protecteur, Louis-Alexandre duc de La Rochefoucauld (1743-1792) : « C'est par la fente du môle que l'on suppose qu'il est sorti des flammes ; mais les pierres qui se sont trouvées dans cette ouverture, que Mr Andrea Gallo (auteur des relations publiées par la cour de Naples) croit porter l'empreinte du feu, et qui m'ont été envoyées de Messine, ne sont qu'une argile mêlée de charbons de bois, plus ou moins brûlés. J'y ai vu l'origine de la méprise, une partie de la *palazata* est tombée sur le môle, l'incendie des édifices a succédé dans quelques endroits aux secousses et on a attribué aux feux souterrains une inflammation qui n'y avoit point de rapport. La même erreur a eu lieu au tremblement de terre de Lisbonne[82]. »

---

[81] Ce tremblement de terre , sans doute le plus fort qui ait frappé l'Italie ($M_w \approx 7.4$) détruisit dans le sud de la Sicile (Val de Noto) de nombreuses villes (Noto, Modica, Scicli, Ragusa, etc.) qui furent magnifiquement reconstruites dans le style baroque.

[82] Dolomieu, lettre au duc de La Rochefoucauld du 20 juillet 1783. Bibliothèque municipale de Mantes-la-Jolie, fonds Clerc de Landresse.

Le 5 juillet, Gallo fait mention de la brume dense qui les tourmente depuis quinze jours, qui cache la Calabre et permet de voir à l'œil nu le Soleil dont la couleur rouge sang effraie le vulgaire. Il se pose la question : est-ce un effet du tremblement de terre ? (*v. infra*).

Gallo termine par un journal des phénomènes météorologiques et des répliques depuis le 5 février jusqu'en décembre, suivi d'observations détaillées sur les secousses, d'une « lettre historico-physique » adressée à Monsieur H. à Paris[83] sur les tremblements de terre de Calabre, d'après ce qu'on lui en a rapporté, et d'une statistique des destructions et des morts en Calabre ultérieure.

Dans une lettre à son ami le moine olivétain Michele Augusti, lecteur de philosophie au monastère de Monte Oliveto à Naples, et publiée par celui-ci, Gallo dit évidemment à peu près la même chose[84].

Corrao

Alberto Corrao était prêtre et professeur de droit canon, également au *Real Collegio Carolino* de Messine. Son « Mémoire sur les tremblements de terre de Messine [85]» fut publié dès la fin de l'année 1783 à Messine, où, apparemment, des livres pouvaient être imprimés et publiés, bien que la ville fût en ruines.

Après avoir consacré une quinzaine de pages à l'histoire de Messine, Corrao aborde la relation du tremblement de

---

[83] Sans doute le graveur et peintre Jean-Pierre Houël (1735-1813) qui parcourut le royaume de Naples et la Sicile en 1776 et grava les planches de son *Voyage Pittoresque des Isles de Sicile, de Malthe et de Lipari,* Paris, Imprimerie de Monsieur, 1782-1787.

[84] Augusti, M., *Dei terremoti di Messina e di Calabria del anno MDCCLXXXIII, Memorie e riflessioni compilate da D. Michele Augusti*, Bologna, Stamperia di S. Tommaso d'Aquina, s.d.

[85] Corrao, A., *Memoria sopra i Tremuoti di Messina accaduti in quest'anno 1783*, Messina, G. Di Stefano, 1783.

terre. Le 5 février, « Messine, dit-il, tomba, pour ainsi dire, en un éclair, et on put, en un instant, la voir debout et la voir entièrement ruinée. »

Le récit de Corrao, témoin direct s'il en fut, rapporte fidèlement comment le tremblement de terre fut vécu par les habitants de Messine, à commencer par lui-même. « Je ne fus tiré de l'extrême péril que par un bienfait spécial du Ciel. » dit-il. Son habitation, dans le superbe édifice du *Real Collegio Carolino* où il se trouvait alors, s'écroula et il perdit tous ses meubles, ses livres et ses papiers. « Les gens couraient affolés par les rues ou se réfugiaient sous les arches des monument ; il y en avait qui, ne sachant quoi faire dans cette grande confusion, restaient immobiles ; certains descendaient des hauts bâtiments au moyen de cordes ou de draps noués et d'autres se précipitaient des fenêtres, se jetant, pour échapper à un danger, dans un plus grand encore. Beaucoup trouvèrent la mort où ils croyaient trouver la vie. »

Par toute la ville, s'éleva un dense nuage de poussière qui obscurcissait le ciel. Partout où l'on tournait le regard, on ne voyait que des cadavres, des hommes à moitié morts ou en partie ensevelis sous les ruines qui imploraient de l'aide. La population se rassemblait dans des places découvertes. On aurait pu penser, écrit Corrao, que la considération d'être dans des lieux où ils ne pouvaient souffrir de la chute des bâtiments aurait diminué leurs craintes. Et cependant c'était tout le contraire : ils avaient peur que la terre ne s'ouvre sous leurs pieds pour les engloutir tout vivants ou que la mer ne sorte de son lit pour une inondation générale. Leurs craintes n'étaient pas tout à fait déraisonnables : on a vu des effets aussi lamentables dans les plus forts tremblements de terre, dit Corrao, citant Platon à propos de l'Atlantide, et rappelant les grands séismes historiques en Méditerranée et de par le monde, jusqu'au tremblement de terre de Lisbonne en 1755. Les habitants de Messine, qui avaient donc de bons motifs d'être inquiets pour leur vie, même dans des lieux découverts, se pressaient en foule auprès des ministres de la religion, gémissant et en larmes, pour obtenir la rémission de leurs péchés.

Le fléau devint plus cruel encore en raison des incendies qui se déclarèrent en plusieurs endroits : c'était l'heure du repas et les feux des cuisines se communiquèrent aux bâtiments voisins déjà en partie en ruines. Pour arrêter les progrès du feu, un vaisseau de la Marine royale tira continuellement au canon pendant une bonne partie de la journée et toute la nuit, mais ces efforts furent vains, le feu dévora tout. « Je suis obligé ici de lâcher les rênes à la douleur et de laisser les larmes couler de mes yeux, en considérant la grande perte qui fut faite dans un si funeste accident d'une magnifique bibliothèque formée par les soins du savant chanoine D. Petro Paolo di Stefano. Elle contenait des manuscrits choisis et les livres les plus rares. Tout fut perdu sans qu'il en reste le moindre vestige. »

Corrao donne ensuit les noms des victimes les plus distinguées : ecclésiastiques, nobles, militaires et notables. Mais, ajoute-t-il, ces personnes sont en petit nombre, en comparaison de toutes celles qui sont mortes.

Le vendredi suivant 7 février, la terre recommença à trembler avec une telle intensité que Messine aurait été ruinée si elle ne l'eût déjà été. Corrao cite ensuite les cas de quelques survivants, dont certains n'eurent pas le moindre mal, bien qu'ayant été précipités d'une grande hauteur. Une femme, dont l'âge approchait de 97 ans, appelée Rosa Santangelo, fut extraite vivante des ruines, comme elle l'avait déjà été, à Catane, lors du grand tremblement de terre de 1693. Deux enfants, emprisonnés dans les ruines étaient encore vivants après sept jours, et trois mules du défunt duc de Belviso restèrent sous les décombres sans mourir pendant 24 jours. Corrao attribue cette survie au fait que les gravats qui entouraient leurs corps empêchaient la transpiration par laquelle la masse diminue et qui cause le besoin de se nourrir[86].

Corrao poursuit : Dans la cathédrale de Messine était conservé un tableau représentant la Madone, attribué à l'Evangéliste Saint Luc « *L'adorabile Immagine di Maria della Sacra Lettera* ». Une troupe de volontaires de toutes conditions s'employa à essayer d'extraire le tableau des décombres, mais l'entreprise était trop dangereuse et dut être abandonnée. On laissa le tableau sous les ruines, mais on établit, jour et nuit, une garde d'honneur.

Corrao parle ensuite longuement des causes des tremblements de terre et du brouillard sec du mois de juin (*v. infra*).

La mission des académiciens de Naples

L'Académie Royale des Sciences et Belles-Lettres de Naples (*Reale Accademia di Scienze e Belle Lettere*[87]) ne tarda pas à envoyer sur le terrain une mission sous la direction de Michele Sarconi (1731-1797), secrétaire perpétuel pour les sciences de l'Académie, médecin qui jouissait de la réputation d'être l' « Hippocrate napolitain ». Elle comprenait quatre pensionnaires : Nicolò Pacifico (1734-1799), prêtre, membre correspondant de l'Académie royale des Sciences, Belles-Lettres et Arts de Bordeaux (qui, plus tard, participa à la République Parthénopéenne et fut pendu après le retour du roi), Eliseo della Concezione Teresiano (1725-1809), père provincial de l'ordre des

[86] *Se niuno alimento ha potuto loro apprestarsi in quello stato, si conserva la vita dei medesimi, perchè circondati dal calcinaccio i loro corpi, veniva così ad essere impedita in essi quella traspirazion, onde scema la nostra mole, e per cui abbiamo bisogno di nutrirci.*

[87] Les statuts de l'Académie furent approuvés par le Roi le 30 septembre 1778. Parmi les membres étrangers de la classe des sciences, on comptait entre autres Sir William Hamilton, Linné et Spallanzani, et pour les Français, d'Alembert et Lalande.

carmes déchaux, Angelo Fasano et le dominicain Antonio Minasi (1736-1806), ainsi que trois associés : Giulio Candida, Giuseppe Stefanelli et Luigi Sebastiani. Ils étaient accompagnés des architectes et dessinateurs Pompeo Schiantarelli (1746-1805) et Ignazio Stile.

Vivant Denon n'avait clairement pas grande estime pour les académiciens napolitains. Le 26 avril 1783, il écrivait au ministre des Affaires étrangères Vergennes[88] :

« Je voudrais pouvoir satisfaire Votre curiosité et l'intérêt qu'inspire un événement aussi considérable que celui du tremblement de terre de Calabre, mais malheureusement, il n'y avait point de Pline dans ce pays-là, et l'on pourra assurer qu'on n'aura jamais une bonne description de cet événement : elles seront toujours dictées par la frayeur et l'ignorance ou rédigées par une politique assez difficile à concevoir.

Les Académiciens qu'on vient d'y envoyer sont de trempe à augmenter l'obscurité sur les faits et sur les causes. En voici la liste : Sarcone, Secrétaire de l'Académie ancien Médecin, et avec aussi peu de talent pour les sciences que pour la Médecine, mais intrigant et courtisan qui fera sa fortune sans donner de lustre à cette Académie naissante, et sans jamais en recevoir d'elle. Le Père Elisei et Nicolas Pacifico, géographes envoyés pour rédiger la carte de Zanoni et y tracer les confins de la dévastation des tremblements de terre. Les talents de ces deux personnages ne sont connus par aucune opération. Fazano, minéralogiste, dans le même cas des deux autres pour son département. La Père Minazzi pour l'histoire naturelle ; je connais beaucoup celui-là parce qu'il a dû voyager avec moi ; cet homme, le cahos des connaissances humaines, joint, à une chaleur qui ne lui laisse pas la liberté d'observer, la volubilité calabraise qui ne lui laisse pas celle de s'expliquer d'une manière intelligible. Aussi infidèle

[88] Corr. pol. Naples, vol. 108, fol. 323-326.

dans de mauvais dessins qu'il fait que dans les mauvais ouvrages qu'il a écrits, il n'a de crédit que dans l'esprit de ceux qui écoutent sans chercher à entendre, et qui s'échauffent de la chaleur, vraie ou fausse, de ceux qui parlent. Schiantarelli, Stile et deux autres dessinateurs obscurs : de ces quatre artistes, le premier a du talent ; il est architecte et dessine fort bien l'architecture.Vous voyez, Monseigneur, ce qu'on peut attendre d'une pareille mission. »

Denon poursuit en donnant la bonne explication des glissements de terrain observés :

« À l'égard des montagnes qui ont marché, des maisons et terreins qui ont perdu leur niveau en s'exhaussant ou s'abaissant, et d'autres phénomènes de cette nature, j'ose essayer de vous les expliquer, Monseigneur, pour en avoir vu en petit les effets.

La plupart de ces montagnes sont de terre ; elles s'imbibent et sont susceptibles de retenir une grande quantité d'eau les grandes pluyes d'hiver qui forment des torrens et bientôt des ravins à leurs bases en déchaussent de grandes parties, qui imbibées et plus pesantes, croulent par masses qui laissent derrière elles de longues crevasses qui préparent de nouveaux éboulemens. [...] Il y avait quatre mois qu'il pleuvait consécutivement en Calabre lorsqu'on y a ressenti le tremblement de terre : ces montagnes imbibées ayant reçu une impulsion ont cédé avec plus de rapidité que de coutume [...]. »

Dolomieu, s'il était moins caustique que Vivant Denon, avait, lui aussi, des doutes sur la qualité scientifique des missionnaires. Il écrivait à son ami le chevalier Gioeni[89] à Catane : « Je crains bien que le voyage de vos académiciens

---

[89] Giuseppe Gioeni (1747-1822), né à Catane dans une famille princière descendante de la dynastie d'Anjou. Également ami de Hamilton, c'était un naturaliste connu qui écrira un *Saggio di Litologia vesuviana* (Napoli, 1790).

ne vous procure pas des relations aussi vraies et aussi exactes que nous pourrions le désirer. Il n'est pas donné à tout le monde d'observer la nature[90] ». Et le 20 juillet, dans une lettre au duc de La Rochefoucauld : « Il y a eu quatre membres de l'Académie de Naples envoyés en Sicile et en Calabre pour y étudier la nature dans ces convulsions, aucun d'eux (de l'aveu même des autres[91]) n'a les connoissances nécessaires pour faire de bonnes observations, ils n'auront donc fait que rassembler les dires populaires auxquels ils auront donné la teinte de leurs préjugés particuliers. Jugez d'après cela de ce que doit être leur ouvrage[92]. »

Les remarques méprisantes de Vivant Denon et de Dolomieu étaient fort injustes. Certes, les académiciens n'avaient pas la stature de Dolomieu, mais ils observaient en détail la nature géologique des terrains, les changements dans le paysage (glissements de terrain, lits des fleuves obstrués, etc.), mesuraient la largeur et la profondeur des crevasses dans le sol, interrogeaient les habitants, etc. Au retour de l'expédition, Pacifico publia *Della spiegazione fisica de' fenomeni de' tremuoti di Calabria del 1783,* et, en 1784, Eliseo della Concezione donna la *Carta corografica della Calabria Ulteriore giusta le recenti osservazioni fatte dal p. teresiano,* levée avec des instruments de sa conception, la première carte topographique des lieux dévastés, avec une classification des dommages en quatre degrés.

En dépit du procès d'intention que Vivant Denon et Dolomieu ont fait à ses auteurs, le rapport de 350 pages des

---

[90] Lettre à M. le Ch^r Gioeni à Catane (18 juillet 1783) *in* Lacroix, *Déodat Dolomieu*, t. I, p. 110.

[91] Dans une lettre à un ami, Pacifico traitait Sarconi et Minasi d'ânes et d'insectes (Placanica, *L'Iliade funesta,* p. 169, n. 2)

[92] Dolomieu, lettre au duc de La Rochefoucauld, du 20 juillet 1783. Bibliothèque municipale de Mantes-la-Jolie, fonds Clerc de Landresse.

académiciens napolitains[93] reste — et c'est son grand mérite — la première relation systématique et détaillée des dégâts occasionnés par un grand tremblement de terre.

Les académiciens partirent de Naples, par mer, le 5 avril, c'est-à-dire deux mois seulement après le premier choc. Ils arrivèrent à Scalea (Calabre citérieure) cinq jours après. Ils y ressentirent une légère secousse. Tout au long de leur mission, ils devaient d'ailleurs observer de nombreuses répliques, plus ou moins fortes, et notaient toujours alors « l'état de l'air » (*stato dell'aere*), c'est-à-dire les conditions météorologiques.

C'est à Pizzo, en Calabre ultérieure, sur la côte de l'isthme entre les golfes de Sant'Eufemia et de Squillace, que les académiciens purent constater pour la première fois que le tremblement de terre avait totalement détruit des édifices et fait des victimes. Plus au sud, Monteleone et Mileto avaient été très endommagées. Beaucoup de villages avaient été anéantis. A Soriano, la secousse du 5 février, si elle avait fait écrouler la coupole de l'église, avait dans l'ensemble causé assez peu de dégâts, mais celle du 7 avait tout détruit, et en particulier le vaste et riche couvent des Dominicains.

Sarconi et ses confrères ne manquaient jamais de recueillir les témoignages des habitants, toujours nommés, des villages qu'ils visitaient. Ils notent évidemment la mort de la princesse de Gerace à Casalnuovo, mais aussi l'histoire du P. Maestro Agazio, prieur des Carmes de Jerocarne : il avait été surpris dans la campagne par le tremblement de terre et une crevasse du sol s'était refermée sur son pied, le retenant prisonnier, mais alors qu'il se croyait perdu, la fente s'était rouverte et l'avait libéré. Ils rapportent aussi *Il notabile fatto di due Porci*, l'anecdote

[93] Sarconi, *Istoria de'fenomeni del tremoto avvenuto nelle Calabrie, e nel Valdemone nell'anno 1783, posta in luce dalla Reale Accademia delle scienze, e delle belle-lettere di Napoli*, Napoli, G. Campo, 1784.

des deux cochons appartenant à G. Romualdo Magnella de Soriano, qui furent retrouvés, décharnés et assoiffés, après être restés trente-deux jours ensevelis sous les décombres sans boire ni manger. Ils n'échappèrent cependant pas à la mort, car après avoir été engraissés pendant quarante jours, ils furent sacrifiés et leur chair fut trouvée bonne. Cette histoire, déjà rapportée plus succinctement par Pignatelli, devint un *topos* et fut rapportée par tous les voyageurs, dont Hamilton qui l'embellit en augmentant jusqu'à quarante-deux jours la durée de la captivité des malheureuses bêtes.

A de nombreuses reprises, le rapport mentionne des cas de survivance d'êtres vivants, ainsi à Polistena qui fut réduite en un tas de pierres, un chat survécut quarante jours sous les ruines.

À Oppido, les académiciens recueillirent le témoignage de la jeune Aloisia Basili, âgée d'une quinzaine d'années, qui fut sauvée après onze jours d'emprisonnement sous les décombres, tenant encore dans ses bras le cadavre d'un enfant mort dès le cinquième jour. Elle fut présentée à Sir William Hamilton, « illustre pour son attachement à l'histoire naturelle et aux beaux-arts », qui rapporta son histoire dans sa lettre à la Royal Society.

Près de Seminara, un morceau de terrain fut, dit-on[94], transporté sur un demi-mille avec tout ce qu'il portait, et en particulier un oranger sur lequel se trouvait perché un jeune homme. « Nous rapportons cela par ouï-dire, mais que chacun en croie ce qu'il lui plaira[95]. »

A Scilla[96], le château du prince, situé sur une roche dominant la mer, avait peu souffert du tremblement de

---

[94] En fait, Pignatelli a le premier rapporté cette anecdote, sans en mettre en doute la véracité. (*v. supra*).

[95] *Noi il riferiamo come un fatto di udita ; ma ne creda ciascuno ciò, che più gli aggrada.*

[96] Les écueils de Scilla, ou Scylla, étaient connus des Anciens comme dangereux pour les marins qui voulaient éviter le tourbillon de

terre, mais on persuada le vieux[97] prince qu'il serait plus en sûreté sur la plage. Pendant la nuit du 5 février, la mer se retira puis revint inonder la côte, et, par ailleurs, une partie du mont Bacì s'effondra dans la mer[98]. Le prince et la population réfugiés sur la plage furent entraînés et noyés. Les académiciens ne croient guère que la chute de la montagne fût la cause réelle du raz de marée : « A beaucoup, il plut d'attribuer l'inondation à une autre cause que la force du raz de marée. Ceux-là crurent que la ruine du mont Bacì avait été l'unique raison du bouleversement survenu en mer. [...] Pour l'instant , nous nous contenterons de dire que nous admirâmes ces imaginations (*voli di fantasia*) ». En repartant en bateau, ils s'arrêtèrent au pied du mont Bacì pour contempler ces « masses peu glorieuses » qui s'étaient détachées de la montagne, « et nous ne pûmes nous empêcher de prendre en commisération la facilité avec laquelle on avait attribué à une si faible cause un si grand malheur. »

On raconta aux académiciens une histoire qui « mérite de trouver place dans les fastes de l'imagination » : la veuve septuagénaire Donna Lucrezia Ruffo eut, en songe, le pressentiment du tremblement de terre.

À Messine, ils font bien sûr état des considérables destructions et sont d'opinion, à la différence de Gallo, que l'incendie dévastateur fut causé par les feux des cheminées domestiques dont la flamme dévora les meubles en bois et les vieilles habitations. Ils rapportent que l'on a vu, avant le séisme, une abondance de ces petits poissons que les Siciliens nomment *cicirelli*[99]. On a constamment observé,

---

Charybde, de l'autre côté du détroit de Messine, d'où le dicton : « *tomber de Charybde en Scylla* ».

[97] Il avait 81 ans.

[98] Pignatelli parle du Mont Campallà.

[99] Les *cicirelli* (Gymnammodytes cicerelus) sont de petits poissons blancs semblables à ceux que l'on mange en « petite friture ».

disent-ils, que l'apparition des *cicirelli* précédait toujours un tremblement de terre, et que le peuple commença à détester ces innocentes créatures, les regardant comme les annonciatrices de malheur, à tel point que les pêcheurs les rejetaient souvent à la mer. Hamilton, lui aussi, rapporte qu'on a vu, près de la surface de la mer avant et pendant le tremblement de terre, une grande quantité de ces petits poissons qui vivent normalement dans le sable du fond de mer, mais il assure qu'ils servaient alors de nourriture aux pauvres gens, alors qu'en temps normal, ils étaient rares et considérés comme un mets délicat.

Les membres de la mission s'intéressent bien sûr aux tsunamis provoqués par les tremblements de terre sur les côtes de Sicile, et dont le second, le 7 février « a produit cette horrible scène que nous avons décrite quand nous avons parlé de Scilla ». Ils sont alors conduits à critiquer de nouveau l'opinion de certains habitants de Scilla qui ont « prétendu confondre la chute dans la mer d'une partie du mont Bacì avec un raz de marée indéniable et très violent. »

Il est intéressant de remarquer ici que Hamilton écrit : « Ayant rencontré mon ami le Père Minasi, un dominicain homme de valeur et habile naturaliste, j'ai parfaitement compris la nature de la formidable vague qui fut fatale au prince de Scilla[100]». Et Hamilton, qui avait une meilleure opinion de Minasi que Vivant Denon, rapporte son explication, attribuant le raz de marée à la chute d'une partie de la montagne…qui est celle que le rapport critique. Or, Minasi, qui, incidemment, était natif de Scilla, faisait partie de la mission et était, en principe, co-auteur du rapport. Comprenne qui pourra. Nous verrons que des sismologues modernes donnent raison à Minasi.

---

[100] Hamilton, W., An Account of the Earthquakes which Happened in Italy, from February to May 1783, *Phil. Trans. R. Soc. Lond.,* 1783, vol. LXXIII, pp. 169-208.

Hamilton

Le premier observateur ayant quelque compétence en géologie fut Sir William Hamilton (1731-1803) envoyé extraordinaire d'Angleterre auprès de la Cour de Naples, qui s'intéressait aux volcans et, en particulier, au Vésuve et à l'Etna. Dans sa lettre[101] datée du 23 mai à Sir Joseph Banks, Président de la Royal Society, dont il était membre, Hamilton décrit d'abord les dégâts du séisme d'après des relations, et poursuit en expliquant qu'étant curieux des volcans et persuadé que des phénomènes volcaniques étaient la cause du tremblement de terre, il avait décidé soudainement d'employer une vingtaine de jours à faire une tournée des régions affectées, pour se rendre compte *de visu* de ce qu'on avait rapporté. La lettre de Hamilton, publiée dans les *Philosophical Transactions* de la Royal Society fut rapidement traduite en italien, en français, en allemand et en russe.

Parti de Naples en bateau le 2 mai, il aborda le 6, près de Pizzo, en Calabre ultérieure, ville située, dit-il, sur un tuf volcanique, dont il remarqua que c'était le seul signe d'explosion volcanique qu'il avait rencontré en Calabre.

Hamilton parle bien sûr des villes détruites, sur son parcours, mais il précise que son objectif n'était pas de visiter des ruines, mais les plus grands phénomènes produits par les tremblements de terre (*my object was not to visit ruins, but the greater phenomena produced by the earthquakes*).

Durant tout son périple, plus qu'à la lithologie, il s'intéressa surtout aux modifications du paysage, créées par le tremblement de terre, consistant essentiellement en importants glissements de terrain. Il attribua la confusion qui règne dans les rapports sur les effets du séisme au fait que la nature du terrain et sa situation ne sont pas prises en compte. Ainsi, dit-il, on raconte qu'une ville a été projetée à

---

[101] Hamilton, W., *Ibid.*.

un mille de distance, mais on ne mentionne pas l'existence d'un ravin, alors que c'est un glissement de terrain sur les bords du ravin, déclenché par le séisme, qui est responsable du déplacement[102]. Il a vu de grandes étendues de champs et de terrains plantés d'arbres qui avaient glissé dans des ravins sans être retournés, et qui avaient parfois arrêté le cours d'une rivière et créé un lac.

« Il est bien attesté, dit-il, qu'un paysan qui labourait son champ dans le voisinage d'Oppido avec une paire de bœufs, fut transporté avec son champ et son attelage d'un côté à l'autre d'un ravin et que ni lui ni ses bœufs ne furent blessés. Après ce que j'ai vu, je crois réellement que cela a pu arriver. On pourrait composer un gros volume de tous les accidents et faits curieux produits par les tremblements de terre dans les vallées, et je suppose que beaucoup seront mentionnés dans le rapport que l'Académie de Naples a l'intention de publier ». Mais, poursuit-il, à moins que les académiciens de la mission ne s'intéressent, comme je l'ai fait, à la nature du sol où ces accidents sont survenus, leur rapport trouvera généralement peu de crédit, excepté pour les amateurs avérés de miracles, et il y en a certainement beaucoup dans ce pays.

Il remarque que les nonnes, hors de la clôture, étaient gaies et profitaient de la liberté que leur avait octroyée les tremblements de terre, de même que les écoliers et conclut : *Earthquakes particularly pleasing to nuns and school-boys.*

Hamilton, on l'a vu, attribue, comme Minasi, le raz de marée qui frappa Scilla à la chute en mer d'une partie de la montagne dominant la ville.

---

[102] « *Here, from the great depth of the ravine, and the violent motion of the earth, two huge portions of the earth, on which a great part of the town stood, consisting of some hundreds of houses, were detached into the ravine, and nearly across it, about half a mile from the place where they stood.* »

Il termine sa lettre en donnant son hypothèse, évidemment volcanique, sur la cause du séisme: « En bref, dit-il, l'idée que j'ai des présents tremblements de terre locaux est qu'ils ont été causés par la même sorte de matière qui a donné naissance aux îles Eoliennes ou Lipari. »

À la suite de sa lettre, Hamilton communique une lettre de son ami le comte Francesco Ippolito[103], dont il donne aussi une traduction, au sujet du choc du 28 mars. Ippolito mentionne essentiellement les grondements souterrains et les changements observés dans l'atmosphère et dans la qualité des eaux des puits et des fontaines.

Dolomieu

Le minéralogiste et chevalier de Malte Déodat de Dolomieu (1750-1801), qui visita « cette malheureuse province » en février et mars 1784, décrit, lui aussi, les destructions, dans un petit ouvrage qui fut rapidement traduit en italien[104] :

« Parcourons rapidement les Villes qui ont été renversées par cette première secousse, & voyons quelles ont été les principales circonstances de leur destruction. »

« Polistena, ville assez grande, riche, peuplée [...]. Elle a été absolument rasée. Il n'y subsiste pas une seule maison, pas un pan de mur. »

« Cinquefrondi, joli bourg, a une demie lieue de distance de Polistena, dans une plaine très fertile, a été entièrement rasé. »

« Casalnovo, joli bourg [...] a été entièrement rasé ; il n'y reste pas pierre sur pierre. Tout a été mis de niveau avec

---

103 Ippolito, F. Hamilton,W., An account of the earthquake which happened in Calabria, March 28, 1783, *Phil. Trans. R. Soc. Lond.*, 1783, vol. LXXIII, pp. 209.

104 Dolomieu, D., *Mémoire sur les tremblemens de terre de la Calabre pendant l'année 1783*, Rome, Fulgoni, 1784.

le sol. Ce bourg avoit été bâti après les tremblemens de terre de 1638, qui dévastèrent la Calabre. On avoit pris toutes les précautions, qu'on avoit pu imaginer, pour lui éviter une ruine semblable à celle dont on étoit témoin. Mais, quoique les rues fussent très larges, & les maisons très basses, près de la moitié de la population fut écrasée sous ses ruines. La marquise de Gerace Dame du lieu, & tous ceux qui étoient auprès d'elle furent victimes de cette secousse. »

A Terranova « la montagne s'est ouverte, par une fente perpendiculaire, dans toute sa hauteur ; une portion s'est détachée & est aller tomber tout d'un bloc, en s'appuyant sur le coté ; tel un livre, qui s'ouvre par le milieu & dont une moitié reste sur le dos, pendant que l'autre se couche sur le plat. La surface supérieure, ou il y avoit des maisons & des arbres, se trouve dans une position verticale. On se doute bien que de ces maisons, il n'en reste pas vestiges ; mais les arbres ont peu souffert. »

« Opido, Ville épiscopale, assez considérable, étoit placée sur le sommet d'une montagne isolée [...] La Ville a été entièrement rasée ; il n'y est pas resté sur pied un seul pan de mur. »

« Les tremblemens de terre qui suivirent la fatale époque du 5 Février, quoique vivement ressentis dans la plaine, n'y apportèrent plus aucuns dommages. Il ne restoit plus aucune maison à abattre. [...] Le tremblement de terre du 7 Février à une heure & demie après midi, fut très violent. [...] Ce tremblement de terre opéra la destruction du bourg de Soriano & des villages dépendans, d'un grand couvent de Bénédictins très solidement construit après les tremblemens de terre de 1659. »

Dolomieu fait ici erreur, le grand couvent de Soriano était, on l'a vu, un couvent, non de Bénédictins mais de Dominicains.

A Scilla, rapporte Dolomieu, « la chute d'une portion considérable de la montagne dans la mer fit soulever les eaux et leur donna une fluctuation violente. Les flots se brisèrent avec force contre la plage & la partie basse de la Ville, où s'étoit réfugié le prince de Sinopoli seigneur du lieu, accompagné de tous ses gens & de beaucoup d'habitans ; ils chevauchèrent sur le rivage & en se retirant entraînèrent avec eux tous ceux qui y étoient ». On a vu que ni Grimaldi ni les académiciens napolitains ne partageaient ce point de vue, qui était celui de Hamilton.

Le 30 mars 1784, au retour de Malte, Dolomieu avait écrit de Rome au duc de La Rochefoucauld :

« Les vents ont été si contraires, Monsieur le duc, et la mer si orageuse depuis l'instant de mon départ de Malthe, que je dois m'estimer heureux d'être arrivé ici, quoique j'aie employé deux mois à un voyage qui ordinairement ne demande que dix ou douze jours. J'ai été retenu un mois sur les côtes de la malheureuse Calabre. La mer y étoit couverte des débris des bâtimens qui y naufrageoient et la terre, toujours tremblant, n'étoit même pas un azyle assuré contre les dangers de la mer. Les flots se sont élevés à une très grande hauteur et ont dévasté une grande étendue des côtes en Sicile et en Calabre. Je ne puis vous peindre les malheurs de cette belle partie de l'Italie, ils sont au dessus de l'idée qu'on peut s'en former. Le sort de Messine rendue absolument inhabitable et dont il ne reste pas une seule maison qu'il ne faille raser, ne peut pas se comparer avec l'état de la partie de la Calabre que l'on nomme la plaine. En Sicile il reste encore le squelette d'une grande ville ; les façades qui sont en l'air, annoncent les maisons qui étoient derrière ; on retrouve les rues, les places, on reconnoît les édifices publics et particuliers, on peut relever la ville sur ses anciens fondemens ; mais en Calabre, on ne voit que des ruines entassées, on ne peut même pas souppconner comment étoient bâties les villes renversées, et il n'y a pas un pan de mur qui soit sur pied[105]. »

Dolomieu visita la Calabre un an après le tremblement de terre, et s'il n'a pas recueilli de vive voix des témoignages, il a beaucoup observé la géologie[106]. Il présente d'abord, dans son mémoire, le cadre général :

« Les Apenins après avoir traversé l'Italie, en ne présentant par tout qu'une suite de montagnes calcaires, soulèvent ici leur tête, & montrent à découvert le granit & la roche feuilletée, qui forment, à eux seuls, l'extrémité de cette longue chaîne. [...] Toute la partie des Apenins, qui domine le fond de la plaine, [...] est formée presque entièrement d'un granit dur, solide, composé de trois parties quartz, feldspath blanc, & mica noir. [...] Sur le prolongement de leur base, se sont établis successivement, comme par dépôt & sur une très grande épaisseur, des couches de sable quartzeux, de galets, d'argille grise et blanchatre, & de grains de feldspath & de mica provenant de la décomposition des granits. Le tout est mêlé de coquilles & de fragmens de corps marins. Cet amas de matières, qui n'ont point de liaison entr'elles & qui sont sans consistance, paroît être un dépôt de la mer, qui poussée par les vents d'Ouest a entassé au pied de ces montagnes, contre les quelles elle venoit battre dans un tems fort antérieur à l'état actuel des choses, les détritus des sommets supérieurs & les corps que son mouvement de fluctuation lui faisoit apporter de fort loin. [...] Les progrès & les dépoüilles de la végétation, & d'autres causes que je ne connois pas, ont établi sur cette base mobile, une couche de terre végétale, argileuse, noire ou rougeâtre, très forte, très

---

[105] Dolomieu, lettre au duc de La Rochefoucauld, du 30 mars 1784. Bibliothèque municipale de Mantes-la-Jolie, fonds Clerc de Landresse.

[106] Dolomieu, *Mémoire sur les tremblemens de terre de la Calabre, op. cit.*

tenace, & qui a depuis deux jusqu'à quatre & cinq pieds d'épaisseur. Cette espèce d'écorce donne un peu de solidité à ce sol, […]. »

Les rivières « lorsqu'elles ont commencé a ouvrir un sillon dans la terre végétale, elles approfondissent aisément leurs lits dans un sol qui ne présente plus aucune résistance. Elles creusent ainsi des gorges d'une profondeur extrême quelquefois de six cents pieds. […] Tout le pays est donc sillonné & coupé par des ravins, […]. »

Après Hamilton, mais c'est ici géologiquement mieux décrit, le décor est planté pour les nombreux et importants glissements de terrain provoqués par le séisme. Dolomieu remarque que « la ville de Pizzo est bâtie sur un rocher qui s'avance dans la mer, & qui est enveloppé, dans sa partie extérieure, par une aglutination de sable calcaire & quartzeux, mêlé de corps marins. […] Cette espèce de concrétion […] se recouvre, par le concours de l'humidité, d'une espèce de croûte ou mousse noirâtre, qui a trompé l'œil de M. le ch. Hamilton ; il a cru y voir un tuf volcanique. Je puis assurer, après l'examen le plus réfléchi, & après des recherches fort exactes, que, dans toute cette partie de la Calabre, il n'y a pas le moindre vestige des produits du feu. »

Dolomieu, insiste : « Il résulte de cette (sic) examen général, que la Calabre a presque partout, le granit pour fondement : que c'est, sous cette base, qui paroit inébranlable, qu'étoit le foyer des tremblemens de terre ; […] que dans aucune partie de cette province, il n'y a de vestiges de volcans ; que je n'ai trouvé aucune des matières altérées par les feux souterrains, ni dans les montagnes, ni dans les pierres roulées par les torrens ; qu'il n'y a dans cette province, ni laves, ni tufs, ni scories d'aucunes espèces. […] J'insiste sur cet objet pour détruire l'opinion de ceux, qui supposent des feux recellés sous cette province[107]. »

Dolomieu vise ici clairement Hamilton, dont il ne partageait pas toutes les idées. Dans une lettre au duc de La Rochefoucauld, il avait écrit : « Mr Hamilton, ministre d'Angleterre à Naples, est aussi venu visiter les lieux dévastés, il les a parcourus en grande hâte et il est reparti pour Londres où il présentera sa relation à la Société Royale, d'où elle sera bientôt envoyée à Paris. Il y auroit aussi quelques objections à faire contre la manière de voir de ce savant[108]. »

Toutefois, son opinion sur les glissements de terrain ne diffère pas de celle de Hamilton :

« L'effet général du tremblement de terre, sur le terrein argillo-sablonneux de la plaine de Calabre, qui tel que je l'ai décrit, n'a point de consistence, fut [...] de détacher toutes les masses, ou qui n'avoient pas suffisamment de base, ou qui n'étoient retenues que par une adhérence laterale ; & de remplir les cavités intérieures. Il s'ensuivit, que dans presque toute la longueur de la chaîne, les terreins qui étoient appuyés contre le granit de la base des monts Caulone, Esope, Sagra & Aspramonte, glisserent sur ce noyeau solide, dont la pente est rapide, & descendirent un peu plus bas. [...] Plusieurs terreins, en coulant ainsi, ont été portés assez loin de leur première position, & sont venus en recouvrir d'autres, assez exactement pour les faire disparoître. [...] Des fentes & des fissures ont traversé dans toutes les directions, les plateaux & les coteaux ; mais ordinairement elles sont parallèles au cours des gorges qui les environnent. »

---

[107] *Ibid.*, p. 32.

[108] Dolomieu, lettre au duc de La Rochefoucauld, du 20 juillet 1783. Bibliothèque municipale de Mantes-la-Jolie, fonds Clerc de Landresse.

Lyell citera Dolomieu sur ce point, en notant que son observation « est d'un grand intérêt, et au point de vue géologique, c'est la plus importante de toutes les observations qui aient été enregistrées[109]. »

Torcia

Le polygraphe napolitain archiviste de S.M. sicilienne, Michele Torcia (1736-1808) publia l'année même du séisme une brève relation[110], d'après les rapports parvenus dans la Capitale. Son mémoire eut cinq éditions en trois langues.

« Les effets de ce tremblement de terre, dit-il, sont sans exemple dans les annales de l'Europe ». Torcia énumère les édifices religieux, églises et couvents détruits ; sur 54 qu'il y avait, à peine en est-il resté trois ou quatre. Torcia était clairement anticlérical : il écrit, en particulier, au sujet des magnifiques couvents des Chartreux de Serra San Bruno et des Dominicains de Soriano : « Une sourde explosion dirigée par Mère Nature sous leur sol les a renversés en un instant, enseignant à la génération actuelle qu'un énorme amas de richesses dans deux sanctuaires chrétiens a subi un choc plus sévère de la colère céleste que les plus célèbres de l'Antiquité dans la même région. »

Il donne ensuite les noms de nombreuses victimes, essentiellement des personnes de qualité, dont, bien sûr, le vieux prince Ruffo à Scilla. A ce propos, Torcia, s'il mentionne la chute de la montagne, provoquée par « les chocs des secousses volcaniques », attribue le raz de marée (*acquemoto*) survenu sur les deux rives du détroit, aux

---

[109] Lyell, *op. cit.*, p. 324.

[110] Torcia, M., *Tremuoto accaduto nella Calabria e Messina alli 5. Febbraio 1783*, Napoli, 1783.

« secousses de la terre qui s'étaient communiquées aux eaux de la mer[111]. »

Il parle aussi évidemment de la princesse de Gerace-Grimaldi, sur laquelle il donne davantage de détails. « Cette femme généreuse, adorée de ses vassaux et aimée de tout Naples, a employé sa fortune à soulager les pauvres, à encourager les artisans et à se divertir innocemment avec ses amis. La férocité des barons[112] (*ferocità baronale*), n'a jamais fait partir de ses mains le moindre trait de violence. Les maisons comme le palais de la princesse, n'avaient qu'un étage, justement pour prévenir les désastres des tremblements de terre, mais que vaut une si faible aide pour la misérable humanité quand la Nature en a décrété l'extermination irrévocable par un éternuement ? Le cadavre de cette infortunée Dame, le ventre déjà gonflé, fut retrouvé après trois jours sous les rideaux de son lit ; de ses lèvres couvertes d'écume, on a conjecturé que l'impossibilité de lui porter rapidement secours et le manque de nourriture ont été la raison finale de sa mort. »

Vivenzio

Dans sa dédicace à la reine Marie-Caroline, Giovanni Vivenzio (174 ?-1827), premier médecin du roi de Naples, dit qu'il ne peut mieux faire que de présenter, dans la première partie de son ouvrage[113], la production d'un savant Français (*un dotto Francese*) qui expose l'histoire des

---

[111] *Le scosse della terra aveano comunicato i loro Urti alle acque del mare. Queste aveano sofferto la sera un abbassamento straordinario, al nuovo urto una corrente di mezzogiorno venne ad elevarle ad un altezza anche strordinaria. Il fenomeno fu comune ad ambe le spondes dello stretto.*

[112] Quel que fût leur titre nobiliaire, les grands feudataires propriétaires d'immenses domaines fonciers étaient nommés *baroni*.

[113] Vivenzio, G., *Istoria e teoria de'tremuoti in generale ed in particolare di quelli della Calabria, e di Messina del* MDCCLXXXIII, Napoli, Stamperia Regale, 1783.

tremblements de terre et les moyens de s'en préserver, et il traduit intégralement un mémoire de 1779[114] de l'abbé Pierre Bertholon[115] (1741-1800) «électricien » renommé qui avait proposé un « para-tremblement de terre », sorte de paratonnerre inversé censé soutirer le fluide électrique de la terre. Vivenzio, nous le verrons, était un fervent « *elettricista* ».

La seconde partie débute par un abrégé de l'histoire et de la géographie de la Calabre ultérieure et se poursuit par le journal météorologique des mois précédant le séisme. Puis Vivenzio, décrit, en détail et ville par ville, les destructions, les pertes des cultures (oliviers, agrumes, mûriers, etc.) et les changements dans le paysage (vallées comblées par des glissements de terrain, obstruction du cours des fleuves et création de lacs, crevasses dans le sol, etc.). Il prévient qu'il n'a fait que « transcrire les relations authentiques et originales des faits », dont sans aucun doute celle du Vicaire général Pignatelli. Il reprend l'histoire de Pietro Barilla, ce paysan de Seminara perché sur un oranger et transporté, sans aucun dommage, avec l'arbre et la terre sur un quart de mille. À Scilla, il parle aussi de l'effondrement dans la mer d'un morceau du mont Campallà, et précise qu'une demi-minute après cet événement, on vit se précipiter sur la plage deux énormes vagues qui emportèrent le prince et 1431 personnes.

Vivenzio reprend également, mot pour mot, le rapport de Pignatelli concernant Soriano et la ruine du couvent des Dominicains.

En Sicile, après avoir décrit les destructions considérables de Messine, Vivenzio parle de la secousse qui eut lieu dans la nuit du 5 février et du raz de marée qui la

---

[114] Bertholon, Mémoire sur un Para-tremblement de terre et un Para-volcan, *J. Physique*, tome 14, part.II, août 1779, p. 11-121.

[115] Cf. Poirier, J.-P., *L'abbé Bertholon, un électricien des Lumières en province*, Paris, Hermann, 2008.

suivit. Il s'étonne que les relations de Scilla ne mentionnent pas cette secousse, peut-être dit-il, parce que les habitants étaient dans des barques et ne l'ont pas ressentie. Il ajoute : « Je crois fermement que ce tremblement de terre fut la cause de l'écroulement d'une partie de la montagne dite Campallà. »

L'ouvrage se termine par un index statistique de toutes les villes et villages de Calabre ultérieure (15 pages) et citérieure (4 pages) donnant, pour chaque localité, l'état des destructions, le nombre d'habitants et le nombre des morts, hommes, femmes, enfants, moines et nonnes. Au total, le recensement de Vivenzio donne, pour la Calabre ultérieure, sur 439776 habitants (dont 3248 religieux), 29451 morts (dont 316 religieux), soit près de 7% de la population[116].

Enfin, Vivenzio donne, de février à août 1783, le journal des secousses (*Giornale Tremuotico*), compilé par Domenico Pignatari (1735-1802), médecin de Monteleone qui publia une *Biblioteca terremotica.* Ce journal est détaillé jour par jour et heure par heure, et pour chaque secousse une intensité est estimée[117], avec cinq degrés : légère, modérée, forte, très forte, catastrophiques. D'après le journal de Pignatari, il y eut, en 1783, 949 secousses ressenties à Monteleone, dont cinq catastrophiques, 32 très fortes, 175 fortes, 236 modérées et 501 légères.

Bartels

Johann Heinrich Bartels (1761-1850) était un érudit allemand qui fut bourgmestre de Hambourg de 1820 à

[116] La statistique de Vivenzio ne coïncide pas toujours avec celle de Pignatelli.

[117] Sans doute, note Davison, la première tentative de construire une échelle d'intensité, avant Rossi-Forel (1883).

1850. En 1786, il avait voyagé en Calabre et en Sicile, et publié ses « Lettres sur la Calabre et la Sicile[118]».

Bartels avait lu, et mentionne, les récits de ses devanciers (Grimaldi, Torcia, Hamilton, Dolomieu, Sarconi, Vivenzio, etc.). Il est donc difficile de savoir, quand il rapporte des anecdotes bien connues, s'il les reprend des ouvrages qu'il a lus ou s'il les tient de témoins locaux qui ne se faisaient sans doute pas prier pour les répéter à qui voulait les entendre.

Après une introduction sur l'histoire de la Calabre, les trois premières lettres sont datées de Naples. Bartels avait commencé son voyage en août 1786 et avait passé par Salerne et Cosenza. La neuvième lettre, de septembre, est datée de Pizzo, « la première grande ville que j'ai vue entièrement en ruine ». C'est épouvantable (*Es ist schrecklich*), dit-il. Trois ans après le désastre, les habitants étaient toujours désemparés et entouraient le voyageur en se lamentant : « J'eus un sentiment de tristesse quand, à mon arrivée, un groupe d'habitants se réunit autour de moi... Ils s'exclamaient, presqu'en chœur " Nous avons perdu notre meilleure jeunesse" (*unsre beste Jugend haben wir verloren*). Puis un vieillard tremblant pleura de nouveau ses trois fils que la mort lui avait enlevés ; et l'un pleurait son frère perdu, l'autre l'ami disparu. »

À Nicastro, « les habitants ont quitté leurs maisons de pierre et habitent dans de petites constructions de bois, qu'ils appellent baraques, mais qui sont plus semblables à des souilles à cochons. »

Bartels remarque un « étrange phénomène, la masse de terre crayeuse désagrégée qui arriva sur les champs comme une coulée de lave, large souvent de 300 palmes (80 mètres) et épaisse de 20 (5 mètres) arrachant les arbres de

---

[118] Bartels, J.-H. *Briefe über Kalabrien und Sizilien*, Göttingen, J. Chr. Dieterich, 1791 (2ème édition). Trad. italienne : *Lettere sulla Calabria*, Rubbettino, 2007.

leurs racines et enterrant les troupeaux et les herbes ». Il s'agit évidemment de la coulée de boue de Laureana, mentionnée par Pignatelli.

« Plus remarquables sont, incontestablement, les pressentiments manifestés par les êtres vivants. [...] Ces événements sont trop étranges pour que je ne vous communique pas ceux que j'ai appris avec une certaine confiance. Peu avant que l'événement sismique se manifeste et dans la période suivante, les poissons de la mer semblaient comme pris dans un tourbillon et frétillaient ça et là dans un état d'agitation. [...] Les oiseaux comme en proie à la terreur fendaient l'air avec mille cris. [...] On a noté la même inquiétude chez les oies, les pigeons, les poules, etc. Parmi les quadrupèdes ceux qui semblèrent ressentir ces pressentiments le plus tôt et avec le plus de force furent les chiens et les ânes. [...] Les cochons furent ceux qui les ressentirent le moins, alors que les chats les ressentirent avec une grande intensité, quoique moins et plus tard que les chiens et les ânes. »

Bartels n'adhère pas aux théories électriques et ne croit pas aux histoires de mer bouillante ou de bâtiments incendiés par des flammes sorties de la terre, mais ce qui le fait décider pour les feux souterrains comme cause des tremblements de terre de Calabre est la proximité des volcans, Stromboli et Etna, qui ont commencé à vomir des laves pendant le tremblement de terre, alors qu'auparavant ils ne faisaient que tonner et fumer. Il n'est pas improbable, dit-il, qu'il existe quelque liaison souterraine entre la Calabre et ces volcans. Toutefois il reconnaît qu'il n'a pas vu de traces de lave en Calabre. Il partage l'opinion de Dolomieu, à l'encontre de celle de Hamilton, à propos de la nature volcanique du terrain de Pizzo, et il écrit : « En vérité, de tous ceux que j'ai lus sur la cause des tremblements de terre, ce petit livre [de Dolomieu], m'a le plus satisfait[119]. »

Bartels, poursuivant sa route vers Reggio, écrit sa dernière lettre de Scilla, en octobre. Il note que douze heures après la première secousse du 5 février, la terre trembla de nouveau et fit écrouler, avec un bruit effroyable, une grosse partie de la montagne qu'il nomme Jaci. Et il ne manque pas de rapporter la mort du prince de Scilla.

De Filippis

Vincenzo De Filippis (1749-1799) était un philosophe et mathématicien calabrais, qui participa à la République Parthénopéenne et fut pendu au retour du roi. En 1790, il adressa une lettre au mathématicien Sebastiano Canterzani (1734-1818), dont il avait été l'élève à Bologne[120].

Comme beaucoup, De Filippis commence par faire état des phénomènes météorologiques ayant précédé le tremblement de terre : pendant tout le printemps, l'été et le début de l'automne de 1782 régnèrent une sécheresse et une chaleur si extrêmes que les branches des arbres prenaient feu par frottement entre elles ; vers la fin d'octobre arrivèrent des pluies torrentielles qui durèrent jusqu'au début de l'hiver.

De Filippis parle ensuite des secousses, mais ne donne pas de liste des villes et villages détruits. Par contre, il mentionne, comme tout le monde, la mort du comte de Sinopoli et de 300 habitants de Scilla, emportés par la mer, le 5 février. Il y a des gens, dit-il, qui soutiennent que la mer s'était d'abord retirée puis avait envahi les terres, mais ce fut une fable fantasque (*una fola capricciosa*), la véritable

---

[119] *Uberhaupt hat mich dieß kleine Büchelchen unter allen, die ich über die Ursache des Erdbebens gelesen habe, am meisten befridigt* (*Ibid.*p. 320).

[120] De Filippis, V., *De' Terremoti della Calabria Ultra nel 1783 e 1789*, Catanzaro, Stab. Tip. del «Calabro»,1° Dic. 1905.

raison de cet étrange accident fut la chute d'une partie de la montagne dans la mer.

La secousse du 1er mars fut accompagnée dans sa ville natale (Tiriolo, dans la province de Catanzaro) d'un beau phénomène : la croix de l'église et diverses ferrures furent illuminées d'étincelles. Le 18 mars, dit-il, arriva une terrible secousse, la plus funeste, mais il s'agit clairement d'une faute d'impression : la secousse mentionnée est évidemment celle du 28 mars.

De Filippis note que, de toutes les secousses, la première fut la plus longue, mais il n'ose pas affirmer qu'elle fut la plus forte (*gagliarda*), car il est difficile, dit-il fort justement, de comparer la force des secousses, qu'on ne peut déduire de la plus ou moins grande quantité de ruines qui dépend, certes, de l'énergie de la secousse, mais aussi de la qualité et de la nature du sol qui le rendent apte à transmettre un mouvement régulier ou perturbé.

Le reste de la lettre est essentiellement consacré à l'exposé des causes du tremblement de terre que De Filippis attribue à l'électricité. Nous y reviendrons plus loin. Notons, pour l'instant, qu'il rapporte l'occurrence d'aurores boréales et de cinq parhélies simultanés, ainsi que de l'arrivée, en juin, d'un brouillard sec et sentant le soufre.

Dumas et Gourbillon

Alexandre Dumas parcourut en 1835 la Calabre, où il fut témoin du tremblement de terre du 12 octobre 1835 qui causa des dégâts importants à Cosenza et détruisit la petite ville de Castiglione Cosentino (I = X). On lui parla évidemment du séisme de 1783, mais, écrit-il dans son récit du voyage, *Le Capitaine Arena*[121] : « Les détails des divers événements qu'amène un tremblement de terre sont tellement variés et souvent tellement incroyables, que j'hésite à consigner ici tout ce qu'on nous raconta, et que je

---

[121] Dumas, A., *Le Capitaine Arena*, Paris, 1842, Chap. XVI.

préfère emprunter la relation officielle que M. de Gourbillon fit de la catastrophe dont il fut témoin oculaire. Peut-être le récit a-t-il un peu vieilli dans sa forme, mais j'aime mieux le laisser tel qu'il est que d'y faire aucun changement qui pourrait donner lieu à l'accusation d'avoir altéré en rien la vérité. »

Le littérateur Joseph-Antoine de Gourbillon (17…-18…), contrairement à ce que dit Dumas, n'avait pas été témoin oculaire du désastre, mais, trente-six ans après, en 1819, il avait voyagé en Sicile et en Calabre, avait vu les ruines et avait encore pu recueillir des témoignages de témoins oculaires[122]. Il prévient : « Ces détails sur le tremblement de terre des deux Calabres sont tirés, en partie, du rapport officiel fait au gouvernement par la Commission instituée à cet effet, et […] des renseignements qui m'ont été donnés par les acteurs mêmes ou témoins oculaires de cette grande tragédie ».

Gourbillon rapporte toutes les anecdotes recueillies des témoins par les académiciens, dont, bien sûr, celle des cochons de Soriano. Donnons en sa version : « Dans une maison de la même ville, qui, comme toutes les autres maisons, avait été détruite de fond en comble, un bouge contenant deux porcs résista seul à la ruine commune. Trente-deux jours après le tremblement de terre, leur retraite fut découverte au milieu des décombres, et, au grand étonnement des ouvriers, les deux animaux apparurent sur le seuil protecteur. Pendant ces trente-deux jours, ils n'avaient pris aucun aliment quelconque, et l'air indispensable même à leur existence n'avait pu passer qu'au travers de quelques fissures imperceptibles. Ces animaux étaient vacillants sur leurs jambes et d'une maigreur remarquable. Ils rejetèrent d'abord toute espèce de nourriture, et se jetèrent si avidement sur l'eau qui leur fut

---

[122] Gourbillon de, J.A., *Voyage critique à l'Etna en 1819*, Paris, P. Mongie, 1820. t. I, p. 203 sqq.

présentée, qu'on eût dit qu'ils craignaient d'en être encore privés. Quarante jours après, ils étaient redevenus aussi gras qu'avant la catastrophe dans laquelle ils avaient manqué périr. On les tua tous deux, quoique, en considération du rôle qu'ils avaient joué dans cette grande tragédie, ils eussent peut-être dû avoir la vie sauve. »

A Terra-Nova, écrit Gourbillon « La totalité des maisons situées au bord de la plate-forme de montagne [...] tous ces édifices, dis-je, les uns à demi détruits, les autres sans aucun dommages remarquables, furent arrachés à leur site naturel, et jetés, soit sur le penchant de la montagne, soit au bord du Soli et du Marro, soit enfin au delà de cette première rivière. Cet événement inouï donna lieu à la cause la plus étrange sur laquelle les tribunaux aient jamais eu à prononcer. Quelques mois après cette étrange mutation de lieux, le propriétaire d'un enclos planté d'oliviers, naguère situé au bord de la plate-forme en question, reconnut que son enclos et ses arbres avaient été transportés au delà du Soli, sur un terrain jadis planté de mûriers ; terrain alors disparu, et qui appartenait avant à un autre habitant de Terra-Nova. Sur la réclamation qu'il fait de sa propriété, celui-ci appuie le refus de la rendre sur ce que l'enclos en question avait pris la place de son propre terrain, et l'en avait conséquamment privé. Cette question, aussi nouvelle que difficile à résoudre, en ce que rien ne pouvait prouver en effet que la disparition d'un des sols n'eût pas été l'effet immédiat de la chute et de la prise de possession de l'autre ; cette question, dis-je, ne pouvait être décidée que par acccommodement mutuel. Des arbitres furent nommé ; et le propriétaire du terrain usurpateur fut tenu à partager ses olives avec le maître du terrain usurpé. »

CHAPITRE III

Secours et mesures officielles
Reconstructions

Les secours

Au moment de la catastrophe, la Calabre ultérieure était une province prospère. On y cultivait surtout les oliviers et on y éduquait les vers à soie, l'huile et la soie étaient donc les principales sources de richesse. Torcia remarquait que, quoique constituant la vingtième partie du royaume de Naples, la Calabre fournissait un dixième de son revenu.

Hamilton écrivait: « C'est la plus belle et la plus fertile contrée que j'aie jamais vue : un jardin parfait d'oliviers, de mûriers, d'arbres fruitiers et de vignes. »

Mais les Calabrais étaient pauvres, la richesse étant aux mains des couvents et des grands feudataires propriétaires de vastes *latifundia.*

Le célèbre économiste des Lumières, l'abbé Ferdinando Galiani (1728-1787), mit sur le papier ses réflexions au sujet des mesures à prendre après la catastrophe. D'après lui, « Les grands maux de la Calabre ultérieure sont au nombre de trois : 1. Les abus des barons. 2. L'oppression de la mainmorte[123]. 3. La saleté, la misère, l'état sauvage, la férocité de ces villes et de cette population[124]. » Il notait que six barons[125] seulement possédaient plus de 70 villes ou

[123] La mainmorte était l'incapacité dont étaient frappés les serfs au Moyen Age de transmettre leurs biens à leur décès. Ils étaient privés de la faculté de faire leur testament et, à leur mort, leurs biens revenaient à leur seigneur.

[124] Galiani, F. *Pensieri vari di Ferdinando Galiani sul tremuoto della Calabria Ultra e di Messina,* in *Illuministi italiani,* a cura di F.Diaz e L.Guerci, t.VI, Ricciardi, Milano 1975, pp. 748-758.

[125] Les barons de Cariati, Bagnara, Scilla, Ardore, Gerace, Roccella.

villages et des terres s'étendant sur plus de 50 milles napolitains sur 30, ce qui représente à peu près 50 000 hectares.

On peut remarquer que les barons de Seminara s'étaient opposés par la violence aux améliorations que leur compatriote l'agronome et économiste Domenico Grimaldi voulait apporter aux méthodes archaïques de récolte et de pressage des olives qui fournissaient une huile de très mauvaise qualité, mais qui les enrichissaient aux dépens des paysans[126].

Selon Torcia, sur la côte Ionienne, « la main-mise féodale et cléricale, en usurpant toute la propriété, a suffoqué toute l'industrie que la piraterie barbaresque n'avait pas pu piller[127]».

Le contexte social dans lequel était intervenue la plus grande catastrophe qui eût jamais frappé la Calabre était donc de nature à en aggraver les effets.

Le maréchal de camp Pignatelli, on l'a vu, avait immédiatement été nommé Vicaire général par le roi, avec tous pouvoirs, et s'était rendu sur place sans délai. Il était porteur de 100 000 ducats[128] pour les secours de première urgence. Outre l'envoi de Pignatelli, le roi ordonna un impôt extraordinaire à l'Église de 1 200 000 ducats, décréta une amnistie générale et donna l'ordre aux feudataires de retourner dans leurs terres pour secourir la population. On notera que les barons qui, à en croire Galiani et Torcia, ne manifestaient pas une grande sollicitude à l'égard de leurs sujets, ne s'étaient pas, en général, précipités d'eux-mêmes pour leur porter aide.

---

[126] Cf. le roman historique *Artemisia Sanchez* de Santo Gioffrè, Mondadori, 2007.

[127] Torcia, M. *Tremuoto accaduto nella Calabria, op. cit.*

[128] Le ducat napolitain, sous le règne de Ferdinand IV, valait à peu près 16 €.

Pignatelli avait comme instructions d'éviter toute immigration à Naples des Calabrais en fuite, de rouvrir des routes pour accéder aux villages, de déblayer les ruines, et d'abattre les édifices dangereux. Il fallait aussi ensevelir ou brûler les cadavres (un navire chargé de poix à cet effet était arrivé à Pizzo), construire des baraquements, remettre en fonction les moulins et pressoirs à huile. Enfin, et ce fut l'objet de son rapport, il devait recenser les morts, les blessés et les dommages.

Pignatelli, qui avait établi son quartier général sous une tente à Monteleone, fit libérer les prisonniers condamnés pour des délits mineurs afin de les employer à la reconstruction, et fit envoyer à Naples tous les objets d'or et d'argent des églises et couvents (en particulier, le riche monastère de Soriano) pour être fondus afin de frapper de la monnaie, destinée à indemniser les victimes du séisme.

Les secours étrangers furent mal reçus ou refusés. On a vu que Denon avait rapporté que les vaisseaux chargés de farine envoyés par le roi de France n'avaient pas eu l'autorisation d'entrer dans le port de Naples. Les secours envoyés par l'Ordre de Malte ne furent guère mieux reçus. En effet, la nouvelle du désastre de Messine étant parvenue à Malte, le Grand Maître de l'Ordre, Emmanuel de Rohan-Polduc (1725-1797), avait envoyé une escadre de quatre galères commandée par le général des Galères, le bailli Alexandre de Freslon de la Freslonnière (1753-1829). Les instructions de celui-ci, en date du 22 février, portaient : « À son très cher vénérable religieux dans le Christ, bailli frère Alexandre de Freslon, capitaine général de nos escadres sur mer. Ayant eu connaissance des ruines occasionnées par les tremblements de terre dans les villes de Messine et de Reggio-de-Calabre et autres lieux environnants, nous avons estimé que c'était un devoir de charité chrétienne et de notre profession de porter des soulagements à ces populations malheureuses dans une semblable affliction. Pour cela, vous partirez aussitôt que cela sera possible avec toute l'escadre des galères et vous rendrez promptement dans ces parages pour donner tout le secours, l'aide et le soulagement que vous pourrez, emportant avec vous , à cet effet, les médicaments et toutes les choses que vous estimerez nécessaires[129]. » Les galères emmenaient des médecins, des chirurgiens, des médicaments et 50 000 écus pour fonder un hôpital. Le Grand Maître avait également envoyé 700 esclaves[130] pour aider au déblayage des ruines[131].

Par une lettre (sans date), le bailli de Freslon écrit au Grand-Maître : « J'ai l'honneur d'assurer Votre Eminence que les premiers [secours] qui y ont été distribués l'ont été par les Galères de la Religion[132], tous les jours nous nourrissons de cinq à six cent pauvres et nos médecins et chirurgiens dont je ne puis trop faire l'éloge sont continuellement dans les barraques et même dans les ruines pour administrer des secours à des blessés qui, avant notre arrivée, étaient absolument abandonnés ». Freslon remarque que le Vice-roi Caracciolo, tout en remerciant profusément l'Ordre, suggère que les galères ne s'attardent pas à Messine, et il poursuit : « Je crois pouvoir dire à Votre Eminence sans crainte de me tromper que le Mis de Realmici [le vicaire général] est jaloux du bien que les Galères peuvent faire icy et qu'il craint qu'elles ne

[129] Archives départementales d'Ille-et-Vilaine, Fonds Freslon, cote 14 J 15.
[130] L'esclavage était de pratique courante à Malte et l'Ordre de Malte possédait de nombreux esclaves, qui fournissaient en particulier la chiourme de ses galères. L'esclavage fut aboli en 1798 par Bonaparte, lorsqu'il conquit Malte.
[131] Corrao, A., *Memoria sopra i Tremuoti di Messina accaduti in quest'anno 1783*, Messina, G. Di Stefano, 1783. p. 56 sqq. Corrao mentionne "Il Generale Frillon, personnaggio di un raro merito".
[132] La « Religion » était le nom sous lequel était connu l'Odre de Malte, principalement en ce qui concernait la marine de l'Ordre.

partagent au moins le succès qu'il s'y promet, il parle toujours de l'abondance qui règne dans les marchés, [...] mais le peuple meurt de faim au milieu de cette abondance si prônée[133]. »

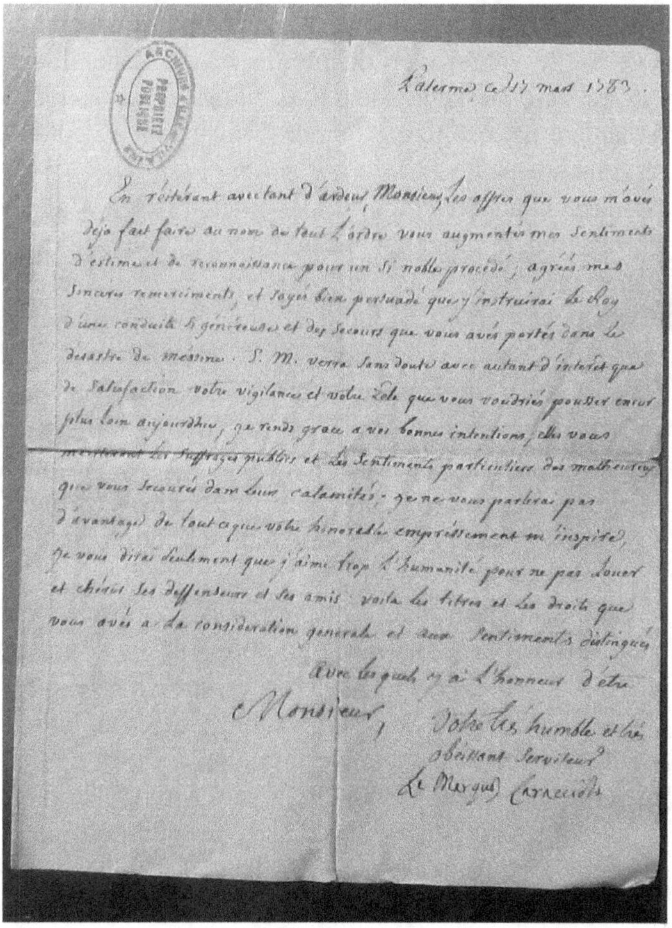
Palermo le 17 mars 1783.

En réitérant avec tant d'ardeur, Monsieur, les offres que vous m'avés déja fait faire au nom de tout l'ordre vous augmentés mes sentiments d'estime et de reconnoissance pour un si noble procédé ; agréés mes sinceres remerciments, et soyés bien persuadé que j'instruirai le Roy d'une conduite si généreuse et des secours que vous avés portés dans le desastre de Messine. S. M. verra sans doute avec autant d'interet que de satisfaction votre vigilance et votre zele que vous voudriés pousser encor plus loin aujourd'hui, je rends grace a vos bonnes intentions, elles vous meriteront les suffrages publics et les sentiments particuliers des malheureux que vous secourés dans leur calamités. je ne vous parlerai pas d'avantage de tout ce que votre honorable empressement m'inspire, je vous dirai seulement que j'aime trop l'humanité pour ne pas louer et chérir ses deffenseurs et ses amis voila les titres et les droits que vous avés a la consideration generale et aux sentiments distingués avec lesquels j'ai l'honneur d'être

Monsieur,

Votre tres humble et tres obeissant serviteur
Le Marquis Caracciolo

Fig. 5: Lettre de remerciements du Vice-roi Caracciolo au bailli de Freslon (Archives départementales de l'Ille et Vilaine).

[133] Archives départementales d'Ille-et-Vilaine, Fonds Freslon, cote 14 J 15.

On trouve un écho de cette réception dans une lettre du chevalier d'Estournel, capitaine d'une des galères, en date du 7 mars 1783, conservée aux Archives du Ministère des Affaires étrangères[134]. On y lit : « Nous avions embarqué des chirurgiens et des lits pour former un hôpital, nous nous sommes addressés en arrivant au prince de Regalmici, envoyé par le vice-roy en qualité de vicaire général. Jugés de notre étonnement, lorsque nous vimes que ce commandant ne mettait pas la meme vivacité à accepter nos offres, que nous à les faire. »

Dolomieu qui était alors Gouverneur de La Valette à Malte écrit, le 20 juillet, au duc de La Rochefoucauld :

« Messine est dans la plus affreuse misère, le gouvernement par orgueil n'a voulu recevoir aucun des secours étrangers qui lui ont été offerts et même portés, il a tout refusé avec dédain. Le vicaire-général nommé par le vice-roi[135] pour pourvoir aux malheurs de la ville est venu insulter le public par son luxe et n'a donné aucun soulagement. Toutes les fautes du prince de Regalmici[136] sont retombées sur le vice-roi, de l'administration duquel on attendait beaucoup et qui a trompé les espérances du public. La conduite du prince de Pignatelli fait contraste avec la sienne ; envoyé en Calabre pour porter des secours, il a montré une noblesse, une générosité, une charité qui l'a rendu l'idole de toute la nation. Obligé de multiplier ses soins, de diviser ses attentions sur une infinité de villes également malheureuses, il a su par son activité suppléer à tout ; argent, consolations, promesses, encouragemens, il a tout employé pour soulager des malheureux sous les pieds de qui la terre ne cessait pas de trembler et dont la crainte

[134] Cor. pol. Naples, vol. 108 fol. 191-192.

[135] Domenico Caracciolo, marquis de Villamaina (1715-1789), vice-roi de Sicile de 1781 à 1786.

[136] Antonino La Grua e Talamanca, prince de Carini, marquis de Regalmici (1736-1801), vicaire-général de Messine.

de l'avenir exagérait encore les maux présents. Lorsque les galères[137] étoient à Messine, elles faisoient distribuer du pain et de la soupe à tous ceux qui se présentoient ; le concours étoit prodigieux, même des gens que la naissance et la fortune sembloient mettre au dessus de ces secours de charité, mais qui réellement mouroient de faim ; il n'y avoit ni médecins, ni chirurgiens pour panser les estropiés, tous ceux que nous avions embarqués avec l'intention d'établir à terre et à nos frais un hôpital ne pouvoient suffire. Cependant, on nous fit dire qu'on n'avoit pas besoin de nous et que le gouvernement sauroit pourvoir seul aux besoins de ses sujets. La misère étoit si grande que la plus grande honnêteté et le plus grand plaisir que l'on pût faire aux gens d'une classe supérieure étoit de leur donner quelques livres de riz. Il n'y avoit ni planches ni toile pour se baraquer ou se camper et le consul de France m'écrit il y a deux jours que la même disette subsiste encore[138]. »

Le contraste du luxe insultant de la réception des chevaliers de Malte avec la misère de la population est bien rendu par le chevalier Louis de Boisgelin (1758-1816), membre de l'expédition : « À l'approche des quais, ils se trouvèrent environnés d'un peuple immense, leur présentant le spectacle de la plus hideuse misère, et saisissant avec la plus grande avidité la moindre aumône qu'on leur présentait [...] Ils furent reçus sous une barraque immense, dans laquelle on avait ménagé des appartemens richement meublés. On leur y présenta les rafraîchissemens les plus recherchés ; une musique militaire s'y faisait entendre; tout semblait y annoncer l'abondance et y respirer la joie[139]. »

---

[137] Les galères de l'Ordre de Malte.

[138] Dolomieu, lettre au duc de La Rochefoucauld, du 20 juillet 1783. Bibliothèque municipale de Mantes-la-Jolie, fonds Clerc de Landresse.

[139] L. de Boisgelin, *Malte ancienne et moderne*, Paris, Mme Hocquart, 1809, t. III, p. 103.

Denon, de son côté, avait écrit à Vergennes : « Vous saurez sans doute, Monseigneur, que l'ordre de Malthe à la première nouvelle des désastres de Messine chargea ses galères de comestibles de tous genres qu'elle (sic) envoya dans ce port avec ordre à tous ceux qui les commandoient de les y établir, d'en faire des espèces d'hôpitaux pour les blessés et de réfectoires pour ceux qui manqueroient de pain. Cette démarche vraiment hospitalière, ce mouvement d'humanité bien dirigé et vraiment secourable, a été médiocrement bien reçu du gouvernement de Messine ; et les offres ultérieurs de ce qu'ils avoient de provisions refusés tout net[140].»

Par contre, les galères de Malte s'étant arrêtées à Reggio de Calabre pour porter secours aux habitants, y furent reçues avec gratitude. L'archevêque de Reggio, Mgr Alberto Capobianco, écrivit une lettre au bailli de Freslon, le remerciant chaleureusement d'avoir apporté 1000 ducats et quinze lits avec draps, couvertures et oreillers[141].

Jean-Baptiste Lallement (1736-), vice-consul de France à Messine, avait envoyé au Ministère une relation du tremblement de terre, qui est annexée au *Voyage pittoresque* de Saint-Non[142]. On y trouve une confirmation de l'attitude des autorités : « Les galères de Malte en ont fourni [des secours] pendant quelques jours aux malades et aux pauvres avec une générosité qui mérite les plus grands éloges. Mais on a refusé, je ne sais pourquoi, les plus essentiels, que les commandans ont offert, ainsi que ceux que le roi de France avait envoyés avec tant d'empressement. »

Vivenzio, ayant lu l'ouvrage de Saint-Non, s'employa à démentir Lallement dans la deuxième édition de son *Istoria*

[140] Naples, vol. 108 fol. 265.

[141] Archives départementales d'Ille-et-Vilaine, Fonds Freslon.

[142] R. de Saint-Non, *Voyage pittoresque à Naples et en Sicile*, 1786, N^lle^ édition, Paris, Dufour,1829, t. III, pp. 365-374.

de'Tremuoti[143]. Jouissant d'une position importante à la Cour, il ne pouvait évidemment pas laisser passer ces critiques, qu'il présentait comme des assertions fausses. « Il n'y eut, dit-il, personne à Messine qui ne fût secouru par le marquis de Regalmici, vicaire général, et lorsque les commandants des galères de Malte voulurent formellement apporter des secours, ils en furent dispensés, car le Souverain y avait déjà abondamment pourvu. »

Bartels avait parcouru la Calabre trois ans après le désastre et, à lire ses lettres[144], on peut se rendre compte du peu d'effet qu'avaient eu les initiatives de la Cour, malgré les efforts de Pignatelli.

« La première idée d'envoyer Pignatelli pour porter secours à la population fut bonne, écrit-il, mais très rapidement l'effort diminua. Depuis lors, le Roi n'a fait aucun cadeau à la population, on n'a plus pensé à assécher les lacs qui s'étaient formés, et même si au début il avait semblé qu'on voulût rapidement construire des canaux et des déviations, comme l'imposait l'urgence du problème, maintenant on a rappelé tous les experts et il ne se passe plus rien ». Bartels ajoute, en note, qu'aux dernières nouvelles, on a envoyé en Calabre l'architecte Ignazio Stile (qui avait été membre de la mission de l'Académie) avec des maçons et des artisans pour l'assèchement des lacs. « Il serait souhaitable, dit-il, pour la vie et la santé de ces malheureux qu'il en fût vraiment ainsi. »

Quelque temps après le séisme, le gouvernement lança une sorte de réforme agraire fondée sur l'expropriation de tous les biens ecclésiatiques. Le 27 mai 1784, sur les instances du gouvernement de Naples, le pape Pie VI signa le bref par lequel il décrétait la suppression de tous les lieux et ordres religieux de la Calabre ultérieure. On mit en route

---

143 G. Vivenzio, *Istoria de' Tremuoti*...Naples, Stamperia Regale, 1788, vol. I, p. 422 sqq.

144 Bartels, J.-H. *Briefe über Kalabrien und Sizilien, op. cit.*

les procédures d'appropriation des biens des couvents, ainsi que des revenus des abbayes et des sièges épiscopaux vacants. Les terres devaient être vendues au plus offrant et les sommes résultant de la vente des propriétés devaient être utilisées pour la reconstruction. Par un décret du 4 juin 1784 fut instituée à Catanzaro la *Cassa Sacra*, organisme chargé sous la tutelle de Pignatelli, de l'administration de ce vaste programme, d'une audace et d'une ambition sans pareille, qui était sans précédent en Europe[145].

En réalité, les terres expropriées ne furent pas vendues aux paysans, qui n'avaient pas de quoi les acheter, mais à de riches propriétaires, et le sort des paysans n'en fut pas amélioré.

Bartels écrit : « Si on avait pensé avec intelligence à pallier tous les inconvénients qui devaient nécessairement dériver d'une suppression subite et non préparée des couvents, la *Cassa Sacra* aurait sûrement été une des institutions plus avantageuses pour le pays, quoi qu'en puissent dire les prêtres. » Les principaux inconvénients étaient, d'abord, que les riches couvents faisaient vivre les paysans alentour et que leur suppression plongea ceux-ci dans une profonde misère. Deuxièmement, après la suppression des couvents, plus personne ne s'occupait de l'instruction des enfants. Certes, ce n'était, dit-il, qu'une misérable éducation de moines (*Es war freilich nichts weiter als elende Mönchserziehung*), mais enfin les enfants pouvaient apprendre à lire et à écrire et les parents étaient sûrs qu'on s'occupait d'eux. On a supprimé les couvents, mais on n'a pas créé d'écoles depuis trois ans. Les jeunes tournent en rond, sans éducation, grandissent comme des bêtes, et deviennent des sauvages.

Si on éliminait ces inconvénients, la suppression des couvents où vivait une masse de fainéants et l'utilisation de

[145] Placanica, A. *Il filosofo e la catastrofe, op. cit.*

leurs biens pour améliorer les tristes conditions de la nation auraient un effet très positif, conclut Bartels.

Dans une lettre à Vergennes du 26 juin 1784, Vivant Denon écrit : « On parle de mettre de nouveaux impôts ; et l'opération de l'abolition des couvents de Calabre paroît moins un moyen de secourir la province que d'en tirer le reste de l'argent qui y existe[146]. »

Et le 13 février 1785, il écrit[147] : « On a formé une junte, Monseigneur, pour traiter des affaires de Calabre et pour procéder aux réparations et améliorations à faire dans cette province. Cette junte est présidée par M. le général Pignatelli[148] qui s'en occupe peu tant qu'il est ici et qui lorsqu'il est en Calabre, de l'aveu de tous les Calabrais est regardé comme le fléau le plus à charge à cette province[149]. En effet la seule opération qui s'y soit consommée a été l'expoliation des couvents des deux sexes et l'enlèvement que l'on a fait de l'argenterie de toutes les églises, ce qui a fait dire qu'en cela le gouvernement n'avoit pensé qu'à ses intérêts et avoit ôté à ce pays la seule ressource qu'il pût encore trouver en lui-même. Effectivement si le grand nombre de maisons religieuses pouvoit être un vice de constitution dans une situation florissante, on peut dire qu'on a pris pour y remédier le moment où ces établissemens pouvoient être de plus grande utilité en remettant naturellement dans la circulation des fonds qu'ils avoient en dépôt. »

Quatre ans après le désastre, le 11 mai 1787, Goethe, arrivant à Messine, trouva une ville encore en ruines : «Nous avons chevauché tout un quart d'heure à travers des

---

[146] Corr. Pol.Naples, vol. 109, fol.55.

[147] *Ibid.*, vol. 112, fol.182-183.

[148] Pignatelli avait été promu de maréchal de camp au grade supérieur de général.

[149] Il semblerait, à lire Denon, que l'opinion populaire ou bien la conduite de Pignatelli aient changé en deux ans.

ruines, et toujours des ruines, avant d'arriver à l'auberge, qui dans tout ce quartier, a été seule rebâtie, et ne présente, des fenêtres de l'étage supérieur, qu'un désert hérissé de ruines. Hors des limites de cette ferme, on n'apercevait ni gens ni bêtes. C'était, de nuit, un affreux silence. […] Après l'affreux désastre de Messine et la mort de douze mille personnes, il ne restait aucun asile pour les autres habitants, au nombre de trente mille ; la plupart des maisons étaient renversées, les autres, toutes lézardées, n'offraient aucune sûreté. On se hâta donc de construire au nord de Messine, dans une grande plaine, une ville de planches […] C'est ainsi qu'ils [les habitants] sont logés depuis trois ans, et cette vie de baraques, de cabanes, et même de tentes, a exercé sur le caractère des habitants une influence décisive. L'horreur de l'épouvantable catastrophe, la peur de la voir se renouveler, les portent à goûter les plaisirs du moment avec une joyeuse insouciance[150]. »

Goethe comprend bien une des raisons de l'amplitude de la dévastation : « Rien de plus triste que l'aspect de la Palazzata, rangée demi-circulaire de véritable palais qui entourent et marquent la rade sur une longueur d'un quart de lieue. De tous ces édifices, bâtis en pierre et de quatre étages, plusieurs façades subsistent encore tout entières jusqu'à l'entablement, d'autres sont écroulées jusqu'au troisième, au deuxième, au premier étage, en sorte que cette rangée de palais, auparavant magnifique, se présente aujourd'hui affreusement ébréchée, voire transpercée, car le ciel bleu apparaît à travers presque toutes les fenêtres. Tout l'intérieur, c'est-à-dire ce qui formait les appartements est détruit. La cause de ce singulier phénomène, c'est que, se réglant sur le plan architectural des riches, les voisins, moins opulents, pour rivaliser avec eux en apparence, avaient caché derrière des façades neuves en pierre de taille leurs vieilles maisons, maçonnées en cailloux grands et

---

[150] Goethe, J.W., *Voyage en Italie*, p. 343-344, Bartillat, Paris, 2003.

petits, noyés dans la chaux. Cette construction, en soi mal sûre, désagrégée et rompue par l'horrible tremblement de terre, avait dû s'écrouler en masse.»

Les reconstructions

Galiani, dans ses pensées sur le tremblement de terre[151], remarquait que les villes de la Calabria Ultra avaient été construites au hasard et en dépit du bon sens. Elles n'avaient pas d'égouts et on jetait les immondices par la fenêtre, leurs rues étaient très étroites, et elles manquaient de bonne eau potable. Il recommandait que les villes complètement détruites soient reconstruites dans un site plus favorable, que les grandes rues n'aient pas moins de 24 palmes de large (6,4 m) et les petites pas moins de 16 palmes (4,2 m), que les maisons ne soient pas plus hautes que 40 palmes (10,6 m) en permettant 10 palmes de plus pour les églises.

Dès le mois d'avril 1783, l'ingénieur militaire Antonio Winspeare (1739-1820) et le directeur des fouilles d'Herculanum et Pompéi Francesco La Vega (1737-1804) avaient été envoyés en Calabre, avec mission d'assécher les lacs qui s'étaient formés à la suite de l'obstruction du cours des fleuves et de déterminer les meilleurs sites pour la reconstruction des villes détruites.

Trente-trois villes de Calabre furent reconstruites, certaines, comme Reggio, au même endroit, d'autres, la majorité, dans un endroit moins exposé, et beaucoup changèrent de nom[152]. Les ruines des villes abandonnées sont souvent encore visibles et portent le nom de la ville suivi de l'adjectif *Antica* (par exemple, Oppido Antica, Mileto Antica).

Afin de minimiser les risques lors de tremblements de terre futurs, les villes reconstruites devaient avoir des rues

---

[151] Galiani, F., *Pensieri, op. cit.*

[152] AA.VV., *Le città della Calabria ricostruite dopo il terremoto del 1783*, Edicola di Pinuccio 2011.

larges et des maisons basses, comme le préconisait Galiani. Ces précautions avaient déjà été prises auparavant à Seminara et Casalnuovo et si elles n'avaient pas empêché la destruction totale, elles avaient probablement diminué le nombre des victimes.

On attribue souvent à La Vega l'« invention » de la maison conçue pour résister aux tremblements de terre qui fut connue, au XVIIIe siècle, sous le nom de *casa baraccata.* Ces « baraques » étaient en pan de bois, avec des contreventements en croix de Saint André et un remplissage de torchis ou de maçonnerie. Vivenzio, à la fin de son ouvrage de 1783, donne des planches montrant un palais construit sur ce principe, avec des explications sur le mode de construction[153]. En fait, l'idée qu'une ossature en bois résiste bien aux tremblements de terre se trouve déjà dans la Bible : « Une charpente de bois assemblée dans une construction ne se laisse pas disjoindre par un tremblement de terre; un cœur résolu, après mûre réflexion, ne se laisse pas émouvoir à l'heure du danger[154]. »

Le principe de la *casa baraccata* diffère quelque peu de celui de la *gaiola pombalina,* utilisée lors de la reconstruction de la Baixa de Lisbonne, après le tremblement de terre de 1755. En effet, les poutres et contreventements de bois sont inclus dans les murs porteurs de la *casa baraccata,* alors que la *gaiola* consiste en une cage intérieure tridimensionnelle de bois, liée aux parements extérieurs de maçonnerie, mais indépendante de ceux-ci[155].

---

[153] Vivenzio, 1783, *op. cit.* Explication des tables, p. 52 sqq en fin de volume. 3 tables.

[154] *La Bible de Jérusalem, trad. 1973,* Ecclésaistique Sirach, XXII, 19.

[155] Miranda, F. A. S., *Caracterização dos edifícios pombalinos da Baixa de Lisboa,* Dissertação para obtenção do Grau de Mestre em Mestrado Integrado em Engenharia Civil, Faculdade de Ciências e Tecnologia da Universidade Nova de Lisboa, 2011; Lopez, M., *Estrutura sismo-resistente da gaiola pombalina; passado e futuro,*

Fig. 6 : Casa baraccata (Vivenzio, 1783, Table II)

Les *Instructions* signées, trois ans plus tard, par le roi, pour la reconstruction des villes de Calabre prescrivaient que la rue principale, rectiligne, devait être large de 8 m pour les petites villes, de 10 à 13 m pour les villes plus importantes, et les rues secondaires, larges de 6 à 8 m, à angle droit entre elles. Il devait y avoir une grande place pour le marché, d'une taille appropriée à la population, et de plus petites places devant les églises et les édifices publics[156]. C'est sur ce schéma, en gril, typique de l'urbanisme de l'époque des Lumières, que furent établis les plans des villes à reconstruire. En réalité, ces plans ne furent pas toujours suivis, sauf à Bagnara, Palmi, Mileto et Reggio.

Conferência Internacional sobre Reabilitação de Estruturas Antigas de Alvenaria, Lisboa, 2012.

[156] AA.VV., *Le città della Calabria ricostruite dopo il terremoto del 1783, op. cit.*

Un cas particulièrement intéressant est celui de la ville de Castelmonardo, aujourd'hui Filadelfia Calabra, dans la province de Monteleone (Vibo Valentia).

Le jurisconsulte Elia Serrao (1740-18...) a raconté l'histoire de la reconstruction de sa ville natale dans un opuscule dédié au général Francesco Pignatelli[157]. Castelmonardo était une ville prospère de quatre mille habitants, dans le fief des ducs Pignatelli di Monteleone. À l'époque de la fondation de la ville, la fréquence des guerres et la peur des pirates barbaresques avaient conduit à choisir un site escarpé et quasi inaccessible. Les premiers tremblements de terre de février avaient effrayé les habitants qui avaient en majorité quitté leurs maisons. Il n'y eut donc que 25 victimes lors du dernier choc, très violent, du 28 mars qui détruisit complètement la ville.

Déjà, lors des premières secousses, l'idée s'était fait jour qu'il serait sans doute judicieux d'établir la ville dans un site plus facile d'accès, mais la discorde régnait quant au choix du site. Le 29 mars, lorsque les habitants virent le roc du château effondré et leur ville, détruite de fond en comble, réduite en un tas de pierres et de gravats, ils vinrent prendre conseil de Don Tommaso Serrao, citoyen de grande sagesse et autorité. Certes, leur dit celui-ci, il est dur d'abandonner les lieux sacrés et les tombes des ancêtres, mais nécessité fait loi. Vous connaissez *Il Piano della Gorna*, c'est là que nos Anciens avaient jadis pensé à établir la ville après un tremblement de terre, mais cela ne s'était malheureusement pas fait. C'est là qu'il faut aller. Le 16 avril, un parlement général des habitants décida du transfert, qui fut approuvé par le roi.

---

[157] Serrao, E. *De Tremuoti e della nuova Filadelfia in Calabria*, Napoli, Fratelli Raimondi, 1785.

Le site proposé fut jugé par Winspeare et La Vega « le meilleur et le plus opportun que l'on puisse choisir[158]. Les citoyens, après délibération, décidèrent d'appeler la nouvelle ville *Filadelfia* — amour fraternel. Après avoir célébré la messe, on suivit l'exemple des Romains, en traçant avec la charrue les limites de la cité.

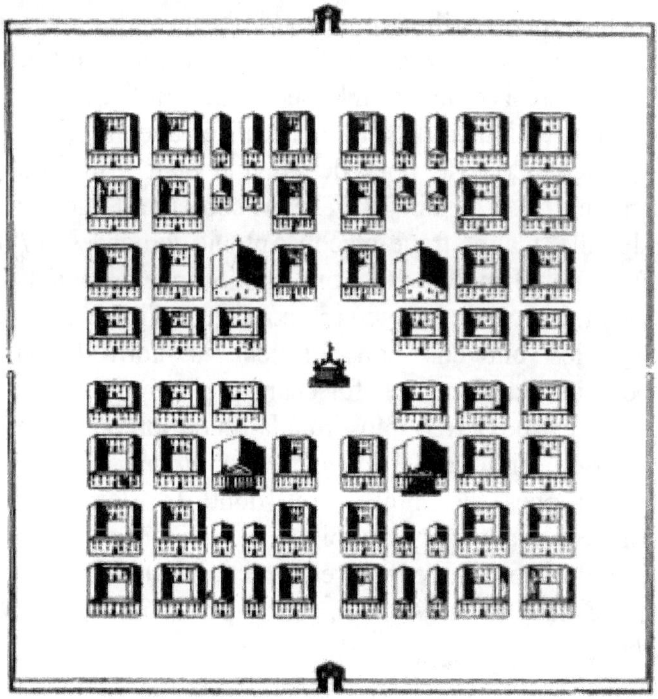

Fig. 7 : Plan de Filadelfia

Le plan de Filadelfia était en forme de croix grecque, les rues principales à angle droit, larges de 60 palmes (environ 16 m), arrivant aux portes principales et délimitant quatre quartiers. Au centre, une grande place carrée de 1280

[158] Lettre au maréchal Pignatelli, du 22 avril (Placanica, *L'Iliade funesta, op. cit.*, p. 124.)

palmes de périmètre[159], autour de laquelle on trouvait le palais du baron, le Palais de Justice, la prison et un café avec une auberge. Aux quatre angles de la grande place, chacun des quartiers avait son église sur une petite place : S. Teodoro, Madonna del Carmine, S. Francesco, Sta Barbara.

Très rapidement les citoyens se mirent à l'œuvre et commencèrent à édifier, en peu de temps, des maisons basses, avec des murs renforcés de poutres et de planches de bois pour résister aux tremblements de terre[160].

La construction fut financée et réalisée avec l'aide de la Franc-Maçonnerie (le nom de la ville était d'inspiration maçonnique). Le 24 juin 1787, le roi conféra à Filadelfia le titre de ville. L'abbé franc-maçon Antonio Jerocades (1738-1805), « noble poète et grand philosophe », ayant eu l'occasion de voir de ses yeux le courage et l'industrie avec lesquels les citoyens construisaient la nouvelle ville, composa une chanson qui fut chantée par tous sur un air charmant, et que Serrao transcrit à la fin de son opuscule[161]. La chanson, intitulée *Filadelfia in Calabria*, comporte douze strophes de huit vers, dont la dernière est évidemment à la louange du roi.

La ville, dont le centre est toujours plus ou moins conforme au plan initial, s'appelle aujourd'hui *Filadelfia Calabra.*

---

[159] Carré d'environ 84 m de côté.

[160] *Per ora si sono fatte, e si vanno facendo delle comode baracche tutte datorno murate, le quali in sostanza sono tante perfette case, e di molti abituri, e delle case basse, ed affinchè i tremuoti non le offendano, i muri sono intramesi di travi, e di tavole, e di altro molto legname, e sono edificati, e contesti in modo, che, ove rovinassero, non possono nuocere a quei, che dentro vi abitano..*(Serrao, *op. cit.*, p. 30-31).

[161] Serrao, *op. cit.*

CHAPITRE IV

Les causes du séisme vues par les contemporains

Les inflammations et les *fuochisti*

Passons sur les présocratiques qui attribuaient les tremblements de terre à l'un ou l'autre des quatre éléments, et disons quelques mots de la théorie des séismes la plus populaire, celle d'Aristote, qui fut reprise par Lucrèce, Sénèque, Pline, etc., par tous les encyclopédistes du Moyen-Age, et qui survécut, avec quelques variantes, presque jusqu'à nos jours.

Aristote[162] pensait qu'il existait des exhalaisons de deux espèces : une humide, dite vapeur et une sèche. L'exhalaison sèche, ou *pneuma,* constituait un élément commun aux tremblements de terre et aux vents. En fait, la terre produit une grande quantité de *pneuma*, soit par son feu intérieur, soit à l'extérieur, quand elle est chauffée par le soleil. Parfois, le *pneuma* sort intégralement et donne naissance aux vents ; parfois, il se dirige vers l'intérieur de la terre, où il s'accumule et provoque les tremblements de terre, en se forçant un passage pour essayer de sortir.

Pour Aristote, et après lui, Pline et bien d'autres, les tremblements de terre et les vents ont donc une cause commune, et les tremblements de terre sont des tempêtes souterraines. Comme dit Pline : "*Neque aliud est in terra tremor quam in nube tonitruum*".

Vers l'époque de la Renaissance, la théorie aristotélicienne devait connaître une modification qui ne changeait d'ailleurs pas l'idée générale. Certes, les séismes étaient toujours dus à des tempêtes souterraines, et ce n'était plus d'hypothétiques exhalaisons, mais les gaz provenant de

---

[162] Aristote, *Météorologica, II, 7.*

l'inflammation de matières combustibles: bitume, nitre (c.à.d. salpêtre) et soufre (deux constituants essentiels de la poudre à canon) ou bien le souffle d'une explosion, qui secouaient le sol. C'est, par exemple, ce que proposait Jérôme Cardan en 1550[163].

Buffon reprit les mêmes arguments, et, en 1756, Kant, dans un opuscule consacré au grand tremblement de terre de Lisbonne de 1755, écrivait :

« Les tremblements de terre nous révèlent que, vers la surface, la terre est creusée de cavernes, et que, sous nos pieds, des galeries de mine secrètes courent de toutes parts en de multiples dédales. [...]Les cavités contiennent toutes un feu ardent, ou du moins une matière combustible qui n'a besoin que d'une légère stimulation pour faire rage avec furie alentour et ébranler ou même fendre le sol au dessus[164]. »

On pouvait alors expliquer par la même cause tremblements de terre et volcans, qui ont donc été associés jusqu'au début du XXe siècle. On avait, en effet, remarqué que dans certaines zones très sismiques, il y a des volcans (zones de subduction d'Amérique du Sud, de la mer Tyrrhénienne, etc.), et l'on voyait les volcans comme des évents qui jouaient le rôle de soupapes de sûreté par lesquelles les vapeurs enflammées pouvaient s'échapper. Ce qui n'empêchait pas que l'on pût aussi croire que les séismes étaient dus aux éruptions volcaniques. Ainsi Buffon

---

[163] J. Cardan, *Les livres de Hiérome Cardanus, médecin milannois intitulez de la Subtilité, & subtiles inventions, ensemble les causes occultes et raisons d'icelles*, traduit de latin en Françoys par Richard le Blanc, A Paris, chez Michel Sonnius, 1578.

[164] J.-P. Poirier, "*Histoire et description des plus remarquables événements relatifs au tremblement de terre qui a secoué une grande partie de la terre à la fin de l'année 1755 par M. Immanuel Kant*", Traduction et commentaires, 1999, *Cahiers philosophiques*, vol.78, p. 85-121.

écrit-il que le grand séisme sicilien de 1693 avait été causé par une éruption de l'Etna.

Le chimiste Nicolas Lémery (1645-1715) pensait que les séismes et volcans sont dus aux gaz provenant de la « fermentation » et de l'inflammation de soufre et de fer en présence d'eau, comme dans le volcan en miniature qu'il confectionnait dans son laboratoire, avec une pâte de soufre, de limaille de fer et d'eau[165]. Le fameux « volcan de Lémery » fut très populaire au XVIIIe siècle. Newton, sans citer Lémery, décrit son « volcan » et attribue les tremblements de terre aux vapeurs sulfureuses emprisonnées dans la terre[166].

Hamilton et Dolomieu étaient partisans des inflammations, ainsi qu'un certain nombre de *fuochisti* italiens.

Ainsi, Grimaldi[167] écrit que l'inflammation souterraine, cause du tremblement de terre, s'était produite dans une région où se trouvaient des matières telles que fer, argent, antimoine, soufre, vitriol, charbon, toutes capables, dit-il, de subir une fermentation très chaude et de dégager des volumes immenses d'air inflammable[168].

Andrea Gallo dans une lettre au chevalier N.N., dit d'abord qu'il ne peut concevoir de mouvement qui semble instantané autre que le mouvement du feu, et qu'une « mine de poudre » qui communique avec d'autres les fera immédiatement exploser[169]. Dans la lettre suivante, il est moins catégorique et avoue que si l'on peut expliquer les tremblements de terre par l'électricité, on ne peut pas faire à moins d'y ajouter l'air phlogistiqué, qu'on ne peut

---

[165] N. Lémery, Explication Physique et Chymique des Feux souterrains, des Tremblemens de Terre, des Ouragans, des Eclairs & du Tonnerre, *Mém. Académie royale des sciences*, 21 avril 1700.

[166] I. Newton, *Opticks*, Query 31,1730.

[167] Grimaldi, *op.cit*, p. 6 sqq.

[168] Hydrogène.

[169] Gallo, *op. cit.*, lettre III.

concevoir sans la fermentation et l'effervescence de matières telles que le nitre, le soufre et le bitume[170].

L'électricité et les *elettricisti*

Dans la deuxième moitié du XVIIIe siècle, la théorie aristotélicienne subit encore une évolution, sous l'influence de l'électricité, alors à la mode[171]. La bouteille de Leyde avait été découverte en 1746 par Pieter van Musschenbroek (1692-1761). En 1752, l'expérience de Marly la Ville, effectuée d'après les suggestions de Franklin, et les fameux cerfs-volants de Franklin et de Jacques de Romas, démontrèrent que l'électricité produite par les « machines électriques » et l'électricité atmosphérique, celle des nuages et de la foudre, étaient identiques.

Dans cette optique, les « tempêtes souterraines » devenaient alors des orages électriques et les secousses sismiques des commotions semblables à celles que procuraient la foudre et la bouteille de Leyde.

Les tenants de la théorie électrique des tremblements de terre pensaient que les gaz d'une inflammation souterraine ne pouvaient se propager quasi-instantanément sur des régions aussi étendues que celles affectées par les séismes. Seul le « fluide électrique » était capable d'aller aussi vite aussi loin.

L'abbé Bertholon (1741-1800), professeur de physique des États du Languedoc, à Montpellier, était un « électricien » reconnu. Promoteur de l'installation des paratonnerres en France, il établit les premiers de Paris en 1782[172]. Il avait publié, en 1779, un *Mémoire sur un Para-tremblement de terre, & un Para-volcan* qu'avait traduit Vivenzio, dans

---

[170] *Ibid.* lettre IV.

[171] J.-P. Poirier, J.P. Electrical Earthquakes : A short-lived Theory in the 18th Century, *Earth Sciences History* , 2016, vol.35, 283-302.

[172] J.-P. Poirier, *L'abbé Bertholon, un électricien des Lumières*, Paris, Hermann, 2008.

lequel il prétendait démontrer que les tremblements de terre sont des phénomènes électriques[173] :

« Les tremblements de terre ne sont donc que des tonnerres souterreins, comme Pline l'a anciennement reconnu, & puisqu'il est démontré que le tonnerre est un effet d'électricité, on ne peut s'empêcher de reconnoître que la cause des tremblements de terre n'est autre chose que la matière électrique. Si le fluide électrique est surabondant, ce qui peut arriver par mille causes, il cherche, suivant les lois de l'équilibre propre à tous les fluides, à se porter vers l'endroit où il y en a moins ; il s'échappera donc quelquefois du globe de la terre dans l'atmosphère. Si ce rétablissement de l'équilibre peut se faire facilement, c'est un simple tonnerre ascendant ; si des obstacles considérables & multipliés s'y opposent, c'est un tremblement de terre dont la force et l'étendue sont proportionnées à la grandeur du défaut d'équilibre, et à la profondeur du foyer, & aux obstacles qu'il y a à vaincre. »

La solution s'imposait donc : « Pour soutirer le plus loin qu'on pourra la matière fulminante de la terre, il faut enfoncer dans la terre, le plus avant qu'il sera possible, de très grandes verges de fer dont les deux extrémités, celle qui est cachée & celle qui se trouve au dessus de la superficie, seront armées de plusieurs verticilles ou pointes divergentes très aiguës.[...] Si l'on convient du pouvoir des pointes électriques pour préserver de la foudre, ce qui est actuellement un dogme de physique, on ne peut nier, sans inconséquence, celui du nouveau préservateur des tremblements de terre. »

Buffon, lui-même, qui dans sa *Théorie de la Terre* (1749) voyait la cause des tremblements de terre dans les inflammations et explosions souterraines, se montra, une trentaine d'années plus tard, dans les *Epoques de la Nature*

---

[173] P.Bertholon, Mémoire sur un Para-tremblement de terre et un Para-volcan, *J. Physique*, 1779,vol.14, part.II, p. 11-121.

(1778)[174], partisan des « tonnerres souterrains », sans toutefois renoncer entièrement aux embrasements et explosions.

En Italie, le bénédictin Andrea Bina (1724-1792) pensait, dès 1751, que les cavités souterraines aux parois revêtues de soufre et de bitume et remplies d'eau agissaient comme des bouteilles de Leyde, dont les décharges produisaient les secousses des tremblements de terre[175].

Le tremblement de terre de Calabre donna lieu à une floraison de mémoires italiens qui l'attribuaient à l'électricité.

Dans sa *Lettera Storico-fisica*, écrite à M. H. à Paris, Gallo, d'abord *fuochista,* semble maintenant pencher vers l'électricité : « Je ne vois pas comment on peut mieux concevoir ces phénomènes qui se produisent instantanément dans des lieux très distants, sans admettre une matière électrique qui se propage par tous lieux et qui y rencontre des matières déjà préparées, aptes à en recevoir l'impression[176]. »

L'abbé Cristofano Sarti, professeur à l'Université de Pise[177], voyait la cause des tremblements de terre dans le déséquilibre de la « vapeur électrique » [*vapore elettrico*] entre la terre et l'atmosphère, et adhérait à la théorie de l'abbé Bertholon.

On a vu que la première partie du livre de Giovanni Vivenzio, *elettricista* convaincu, était la traduction fidèle du mémoire de 1779 de Bertholon. Parmi les moyens de se préserver des tremblements de terre, Vivenzio mentionnait donc le para-tremblement de terre de l'abbé Bertholon.

---

174 Buffon, *Des Epoques de la Nature*, 4ème époque, 1778.

175 Bina, A., *Ragionamento sopra la cagione de' terremoti ed in particolare di quello della terra di Gualdo di Nocera nell'Umbria seguito l'a. 1751*, Perugia, 1751.

176 Gallo, A., *Lettera storico-fisica*, , *op.cit.*.

177 Sarti, C., *Saggio di Congetture su i Terremoti*, Lucca, F. Bonsignori, 1783.

Dans l'avant-propos de son *Mémoire sur les tremblemens de terre de la Calabre pendant l'année 1783,* Dolomieu prévient : « On trouvera une infinité de détails que j'ai négligés dans plusieurs relations imprimées à Naples, surtout dans celle du docteur Vivenzio. Mais les faits, vraiment importants pour le physicien, y sont en petit nombre, & cet ouvrage, ainsi que plusieurs autres sur le même sujet, paroit plutôt écrit en faveur du système qui attribue les tremblemens de terre à l'électricité que pour faire connoître les phénomènes qui ont accompagné la destruction de la Calabre ». Et, plus loin, il confirme son opposition au « système » de l'électricité : « Quelques questions que j'aye pû faire, je n'ai pû trouver dans tous les détails qu'on m'a donné (sic), aucun indice des phénomènes d'électricité rapportés dans différentes relations, aucune étincelle, aucun dégagement de fluide électrique, que les physiciens Napolitains veulent absolument être la cause de ces tremblemens de terre. […] Il s'ensuit de cette remarque que l'état de l'athmosphère n'est pas aussi étroitement lié avec les mouvemens intérieurs de la terre qu'on n'a cessé de le dire […] J'exclue l'électricité, qui ne peut pas s'accumuler, constamment pendant un an de suite, dans un païs environné d'eau, où tout concourt à mettre ce fluide en équilibre. Il me reste le feu. […] Mais dans toute la Calabre, il n'y a pas vestige de volcans. […] Il faut donc renoncer à la supposition d'une inflammation qui agiroit directement sous la Calabre[178]».

La remarque critique de Dolomieu sur l'ouvrage de Vivenzio ne passa pas inaperçue de celui-ci, qui y répondit vertement dans la deuxième édition de son ouvrage[179]. Il

[178] D. de Dolomieu, *Mémoire sur les tremblemens de terre de la Calabre pendant l'année 1783*, Roma, Fulgoni, 1784, p. 64 sqq.
[179] Vivenzio, G., *Istoria de'tremuoti avvenuti nella provincia della Calabria ulteriore e nella Città di Messina nell'anno 1783*, Napoli, Stamperia Regale, 1788., Part.II, p. 264 sqq.

reprocha à Dolomieu de ne pas avoir lu avec assez d'attention son livre où il expose les raisons de sa préférence pour le système de l'électricité et les arguments montrant que le développement de la matière électrique se fait dans le sein de la terre. Il conclut : « Il ne faut donc pas s'étonner si les physiciens napolitains ne se lassent jamais de répéter que le fluide électrique a joué un grand rôle dans la production des horribles tremblements de terre de l'infortunée Calabre ultérieure, surtout si on met ce sentiment en regard de l'hypothèse hardie du Commandeur de Dolomieu... qui n'a d'autre fondement que la seule imagination fertile de l'auteur. »

Nicola Zupo (1752-1806), était professeur de médecine et de mathématiques à l'Ecole Royale de Cosenza, en Calabre. Il était, lui aussi, persuadé que l'électricité était la cause des tremblements. Pendant le tremblement de terre de 1783, il fit enfoncer dans la terre une barre de fer de douze palmes (environ 3m) de long. « Pendant les commotions, il vit sortir de la pointe un torrent de fluide électrique. » La barre, terminée en haut par une pointe, était munie d'une sphère de plomb suspendue, à laquelle était fixé un clou qui inscrivait son déplacement dans un lit de cendre fine. L'appareil servait donc à la fois d'électroscope et de sismographe à pendule[180].

Dans sa lettre à Canterzani, De Filippis[181] note que la grande sécheresse qui avait affligé la Calabre depuis la fin de l'hiver 1782 avait eu nécessairement pour effet d'une part d'empêcher le libre passage du « feu électrique » de la terre à l'atmosphère, car l'air sec est un excellent isolant, et d'autre part d'arrêter le cours des fermentations internes par manque d'humidité. Pendant tout ce temps donc, l'air a été électrisé par défaut et la terre par excès et il y avait dans les

[180] Zupo, N., *Reflessioni su le cagioni fisiche dei Tremuoti accaduti nelle Calabrie nell'anno 1783*, Napoli,G.-M. Porcelli, 1784.
[181] De Filippis, *op. cit.*

entrailles de la terre une grande accumulation de feu électrique qui a pu se décharger lorsque les pluies ont fini par pénétrer en profondeur. Voici donc, conclut De Filippis, deux principales raisons de notre tremblement de terre : un très abondant torrent de feu électrique et une explosion terrible et immense des matières fermentées.

Le moine olivétain Michele Augusti fait, de même, une sorte de synthèse entre les *fuochisti* et les *elettricisti*, et attribue la formation d'une quantité de fluide électrique suffisante pour causer une décharge aussi forte que celle du séisme à la présence de soufre, de pyrites, de charbon et de bitume dans le sous-sol des monts de Calabre[182].

Corrao déclare, sans ambages, que « puisque le Génie du Siècle penche pour l'électricité du feu et qu'il veut courir derrière la mode, il se rangera à ce système et dira qu'il faut considérer les tremblements de terre comme des orages souterrains[183]. » Il conjecture donc que la belle Messine fut abattue par le feu électrique libéré par l'inflammation des soufres, bitumes et métaux souterrains[184].

Francesco Saverio Salfi (1759-1832) était un abbé défroqué calabrais, partisan des idées des Lumières. Il reprochait aux électriciens de n'avoir étayé leur théorie par aucune mesure physique quantitative : « Avez-vous, prétendus philosophes observateurs de la présente influence des tremblements de terre, relevé au moins l'électricité positive ou négative de l'air ? Avez-vous noté sur vos électromètres les valeurs différentes et la direction réelle du courant électrique ? S'il s'est communiqué de l'air au sol ou du sol à l'air ? […] Pour parler franc, nos philosophes se

---

[182] Augusti, M., *Dei terremoti di Messina, e di Calabria dell'anno MDCCXXXIII*, Bologna, Tommaso d'Aquino, s.d.

[183] *Del resto, perchè il Genio del Secolo è inclinato per l'elettricismo del Fuoco, volendo io correr dietro alla moda, dovrò attenermi a si fatto sistema, e dire che i Tremuoti hanno da considerarsi come altrettanti Fulmini sotterranei.*

[184] Corrao, *op.cit.*, p. 87 sqq.

sont vite contentés d'observer les signes les plus simples et ordinaires de l'électricité. Et sur cette observation générale, confuse et inadéquate, ils ont forgé des hypothèses qui, par leur particularité, auraient dû exiger les observations les plus détaillées et les plus précises. N'est-ce pas là un abus de la bonne physique ? [*non è questo un abusar della buona fisica ?*][…] » Salfi ironise contre le « remède inutile et ridicule » de Bertholon.[185]

Le P. Bartolomeo Gandolfi (1735-1824), piariste (*scolopio*), professeur au *Collegio Nazareno* de Rome[186], critique les deux systèmes. Il propose que les tremblements de terre et les éruptions volcaniques sont dus à la force des « vapeurs élastiques aériformes » produites par l'eau en présence des feux souterrains[187]. C'est la théorie qu'avait déjà proposée Sénèque[188] et que reprendra le minéralogiste Daubrée (1814-1896) à la fin du XIXe siècle[189].

---

[185] Salfi, F.S., *Saggio di fenomeni antropologici relativi al tremuoto, ovvero riflessioni sopra alcune opinioni pregiudiziali alla pubblica o privata felicità fatte per occasion de' tremuoti avvenuti nelle Calabrie l'anno 1783 e seguenti*, Dall'Ab…S.., Napoli, Vincenzo Flauto, 1787, Parte secunda, cap. XI, XII.

[186] La première école publique de Rome, fondée en 1630.

[187] Gandolfi, B., *A Monsignore D. Stanislao Sanseverino, sulle cagioni del tremuoto*, Roma, Zempel, 1787.

[188] Sénèque, *Naturales quæstiones*, VI, 11.

[189] A. Daubrée, *Les régions invisibles du globe et des espaces célestes*, Paris, Alcan, 1888.

CHAPITRE V

Les causes du séisme vues par les modernes

Au cours du siècle dernier, la science des tremblements de terre subit un changement de paradigme, pour parler comme Kuhn, ou une rupture épistémologique, pour parler comme Bachelard. La théorie pneumatique aristotélicienne qui avait survécu, sous des formes diverses, jusque vers la fin du XIXe siècle[190], a maintenant définitivement disparu. On ne croit plus que les séismes soient causés par des gaz cherchant à s'échapper de la terre, mais on sait qu'ils résultent du jeu brutal de failles dans l'écorce terrestre provoqué par l'affrontement de plaques tectoniques.

C'est donc aux sismotectoniciens que revient la tâche de rechercher la cause d'un tremblement de terre en identifiant la faille qui a joué ; la cause motrice ou efficiente, au sens d'Aristote, étant le mouvement et l'interaction des plaques tectoniques.

La tectonique récente (quaternaire) en Italie du Sud est essentiellement caractérisée par une extension ESE-WNW, causée par la collision de la plaque africaine avec la plaque euro-asiatique. La zone du « rift Siculo-Calabrais » est bordée, en Calabre, par les failles normales de Cittanova, Sant'Eufemia, Palmi-Scilla et Serre, entre le socle métamorphique (gneiss et granite) des montagnes de l'Aspromonte au Sud et des Serre au Nord et les dépôts récents (entre cent et deux cent mille ans) de la plaine de Gioia Tauro et du bassin de Mesima. Les chocs sismiques,

---

[190] En 1907, Montessus de Ballore remarquait (*La science séismologique*, Paris, A. Colin, 1907, p. 14.) : « *Ainsi, l'influence d'Aristote a peut-être plus duré en séismologie que dans toute autre branche du savoir humain.* »

en détachant ces sédiments du noyau solide, provoquèrent, comme l'avait bien vu Dolomieu, de spectaculaires glissements de terrain qui obstruèrent le cours des fleuves et créèrent des lacs.

Le séisme du 5 février, sur les failles de Cittanova et Sant'Eufemia augmenta les contraintes sur la faille de Scilla, déclenchant le séisme du 6 février. Ces deux chocs, à leur tour, augmentèrent les contraintes sur la partie SW de la faille des Serre, provoquant le choc du 7 février, et sur la partie NE de cette faille, d'où le choc du 1er mars[191].

Une étude paléosismologique a été effectuée sur la faille de Cittanova, en pratiquant trois tranchées le long de la faille et en identifiant et datant au ^{14}C les déplacements des couches causés par le jeu de la faille lors des anciens séismes. L'estimation du temps de récurrence d'un séisme semblable à celui de 1783 se situe entre 1350 et 1800 ans[192].

Plusieurs des chocs de la séquence de 1783 provoquèrent des tsunamis. Le tsunami du 5 février affecta une zone importante sur les côtes de Calabre et de Sicile. A Scilla, la mer se retira sur une dizaine de mètres avant de revenir inonder le rivage.

On a vu que les auteurs de relations sur le séisme avaient des opinions divergentes sur la cause du tsunami de la nuit du 6 février qui emporta le prince de Scilla et environ 1500 de ses sujets. Certains, comme Hamilton et Dolomieu, l'attribuaient à la chute en mer d'une partie du mont Campallà (ou Pacì), alors que cette explication semblait invraisemblable à Sarconi.

---

[191] Jacques, E., Monaco, C., Tapponnier, P., Tortorici, L., Winter, T. , Faulting and earthquake triggering during the 1783 Calabria seismic sequence, *Geophys. J. Int.*, 2001,vol.147, 499-516.

[192] Galli, P., Bosi, V., Paleoseismology along the Cittanova fault: Implications for seismotectonics and earthquake recurrence in Calabria (Southern Italy), *J. Geophys. Research*, 2002, vol.107, 1-19.

Il semble maintenant très probable que le tremblement de terre n'ait pas été directement la cause d'un tsunami mais qu'il ait provoqué le glissement de terrain cause de la chute en mer d'une grande portion de la montagne[193]. Une vaste dépression bordée par des failles est encore visible sur le mont Pacì, elle permet d'estimer à environ 5 millions de m^3 le volume de terrain détaché. Une étude bathymétrique des fonds marins par sonar multi-faisceau a permis d'identifier le dépôt en mer du glissement de terrain, d'un volume comparable à celui de la dépression sur la montagne. Une simulation numérique du glissement de terrain et du tsunami résultant a donné des résultats compatibles avec les observations rapportées par les témoins[194].

---

[193] Graziani, L., Maramai, A., Tinti, S., A revision of the 1783-1784 Calabrian (Southern Italy) tsunamis, *Nat. Hazards Earth Syst. Sci.*, 2006, vol. 6, 1053–1060.
[194] Mazzanti, P., Bozzano, F., Revisiting the February 6th 1783 Scilla (Calabria, Italy) landslide and tsunami by numerical simulation, Mar. Geophys. Res., 2011, vol.32, 273-286.

CHAPITRE VI

Le brouillard sec

Un des phénomènes les plus remarquables de l'année 1783 fut l'apparition, à partir du mois de juin dans une grande partie de l'Europe, d'un brouillard sec, dense et malodorant qui voilait le soleil en permanence.

L'abbé Bertholon écrit : « Le brouillard extraordinaire qui parut dans le milieu de juin 1783, & servit de rideau pendant plusieurs mois à presque toute l'Europe, excita l'attention générale des observateurs par les phénomènes qu'il présenta[195]. »

En Calabre et en Sicile, beaucoup ne manquèrent pas de faire le lien entre cet étrange phénomène et les tremblements de terre récents.

Andrea Gallo écrivit, de Messine, le 5 juillet :

« Ajoutez à tout cela le nouveau désagrément d'une brume dense qui nous a tourmentés pendant quinze jours, sans nous laisser voir ni le Canal, ni la Calabre voisine, ni les collines qui entourent la ville détruite. Elle intercepte à tel point les rayons de la lumière qu'elle fait paraître le Soleil à l'œil nu comme quand on l'observe à travers un verre coloré. [...] On dit que ce brouillard (*caligine*) s'est étendu à toute l'Italie et même plus loin; si cela est vrai, on devra dire que ce n'est point un pur effet des tremblements de terre advenus, ou bien que la cause des tremblements de terre ne s'est pas limitée à la Sicile et la Calabre, mais qu'elle a fait un plus long chemin[196]. »

---

195 Bertholon, P., *De l'Electricité des Météores*, Paris, Croullebois, 1787.

196 Gallo, A., *Lettere scritte da Andrea Gallo [...] e dirizzate al Sig. Cavaliere N.N.*, Messina, G. Di Stefano, 1784, Lettera VIII.

Pour Corrao, partisan de l'origine électrique des tremblements de terre, les vapeurs et exhalaisons qui sortent de la terre en même temps que le feu électrique, se sont changées en horribles brouillards, comme on n'en avait jamais vu de son temps :

« Pendant à peu près trente-six jours, continuellement, depuis le 18 juin, ils obscurcissent l'air environnant et se répandent dans le reste de la Sicile, et dans d'autres pays étrangers, en Italie, en Allemagne, en France et ailleurs. De tels brouillards font apparaître la lumière du Soleil, à son lever et à son coucher, teinte d'une affreuse couleur de sang[197]. »

Le 5 juillet, Vivant Denon écrit de Naples à Vergennes: « On est effrayé ici d'un brouillard blanchâtre qui obscurcit l'air depuis une vingtaine de jours, vapeur très basse que le vent, le tonnère ni la pluie même n'ont pu ni résoudre ni dissiper : on voit l'orbite du soleil, mais il n'a plus de rayons, la chaleur jusqu'à présent a été plus accablante que vive[198] » et le 12 juillet : « Les brouillards continuent d'obscurcir le soleil, mais ils effrayent moins depuis que l'on a appris ici que ce phénomène étoit presque général[199]. »

Le 29 juillet, Vergennes lui répond: « Le même phénomène des brouillards blanchâtres qui a inquiété à Naples a eu lieu en France et presque sur toute l'Europe ; il paroît ne présager autre chose que des orages fort chargés d'électricité. Les moissons n'en ont que peu ou point souffert. »

En France, le médecin et naturaliste Jeudy de Lhoumaud (17...-18...) explique :

---

[197] Corrao, A., *Memoria sopra i Terremoti di Messina, accaduti in quest'Anno 1783*, Messina, G. Di Stefano, 1783. p. 99.

[198] Denon, *op. cit.*, 5 juillet 1783, vol. 109, fol. 56-58v.

[199] *Ibid.*, 12 juillet 1783, vol. 109, fol. 74.

« Il seroit impossible de se dissimuler que les Brouillards Secs ne proviennent en premier lieu que des deux Tremblemens de terre que l'on a essuyés dans la Calabre & à Messine de même qu'en Hongrie. [...] Ces Brouillards secs ne sont [...] si l'on veut des vapeurs volcaniques que les Tremblemens de cette année ont occasionnées & qu'ils ont fait refluer de tous côtés dans les entrailles de la Terre qui environnait les Volcans, lesquelles n'ayant pu partir que d'une extrême profondeur, auront perdu insensiblement leur qualité humide, en se sublimant au travers des couches de terre qu'elles ont eu à passer, & en ne conservant plus que leur caractère de chaleur qui a donné à ces Brouillards la qualité sèche qu'on leur a apperçue. [...] Il est impossible de ne pas apercevoir que dans un bouleversement pareil, il y a dû y avoir une multiplicité de canaux & de conduits souterrains qui se sont ouverts & qui ont donné lieu à l'évasion d'une plus grande quantité de vapeur dans les entrailles de la Terre[200]. »

L'abbé Giovanni Lapi (1720-1788), lecteur de botanique à *l'Ospedale di Santa Maria Nuova* à Florence, attribuait, lui aussi, la formation de cette brume aux tremblements de terre[201]. Comme le dit Bertholon :

« Mais le premier savant qui paroît avoir écrit sur le brouillard de 1783 est M. Lapi, lecteur en botanique. Cet auteur regarde les éruptions des volcans, comme les causes qui remplissent l'atmosphère d'air fixe, d'air inflammable, d'air déphlogistiqué[202], &c. Les éruptions des volcans, les tremblemens de terre, l'électricité excitée, les désastres de

---

[200] Jeudy de Lhoumaud, *Dissertation sur les brouillards secs de la fin du mois de Juin & de Juillet 1783, Ouvrage mis à la portée des dames,* Paris, Guillot, 1783, p. 22.

[201] Lapi, G., *Sulla Caligine del corrente anno 1783 e sulla vigorosa vegetazione e fertilità delle piante del suddetto anno,* Firenze, A. Benucci, 1783

[202] Gaz carbonique (CO_2), hydrogène, oxygène.

la Calabre et d'autres endroits du globe, sont les principales causes auxquelles M. Lapi attribue la formation des brouillards dont nous parlons. Les sels, les soufres, les bitumes qui s'élèvent, le feu électrique qui se réveille, l'air fixe, phlogistiqué, inflammable, dont le développement se fait en pareilles circonstances, rendent raison, suivant ce physicien, de la prodigieuse fertilité qui eut lieu cette année. »

Et Bertholon poursuit :

« M. Toaldo[203], pensoit, dès le 11 Juillet 1783, que les vapeurs qui ont causé le phénomène dont nous venons d'exposer les circonstances, étoient venues de la Sicile et de la Calabre, où il y avoit des tremblemens de terre depuis le 5 Février. On a su qu'au mois de Juin, on y avoit vu, après de violentes secousses, des exhalaisons immenses dans l'atmosphère. [...] M. l'abbé Spallanzani[204] n'est pas éloigné de croire avec M. Toaldo que ce brouillard venoit du tremblement de terre de Calabre[205]. »

Bertholon, électricien convaincu, conclut :

« Quant à nous, nous pensons que pendant l'année 1783 il y a eu dans le sein de la terre une grande surabondance de fluide électrique, comme il arrive quelquefois par un concours de certaines circonstances. [...] De sorte que, dans notre sentiment, les tremblemens de terre de la Calabre & de la Sicile, ne sont pas les causes de ce brouillard, mais sont, comme le brouillard, des effets produits par le même principe, je veux dire par la surabondance du fluide électrique concentré dans la terre à différentes époques, &

---

[203] L'abbé Giuseppe Toaldo (1719-1797) astronome et météorologue, professeur de Géographie physique et astronomique à l'Université de Padoue.

[204] Lazzaro Sapallanzani (1729-1799) biologiste, professeur d'Histoire naturelle à l'Université de Pavie.

[205] Bertholon, *Ibid.*

se faisant jour à la surface, plus ou moins facilement selon la diversité des circonstances locales. […] »

Tous, cependant, ne s'accordaient pas sur l'idée que le tremblement de terre de Calabre pût être la cause de la brume sèche. Ainsi, Sarconi, directeur de la mission en Calabre de l'Académie de Naples, écrit :

« Outre ces très tristes effets, il y eut une brume très dense. Certains furent d'avis qu'elle pouvait être considérée comme un des nombreux effets du tremblement de terre, mais comme ce phénomène apparut dans nombre d'autres régions, dans lesquelles les funestes causes qui désolèrent la Calabre ne se manifestèrent pas, il serait vain de croire à cette opinion. Nous commençâmes à observer cette brume dès que nous découvrîmes le rivage de la Calabre Citérieure, elle augmenta de plus en plus au cours de la saison, et en juin, elle était très dense et générale[206]. »

Le P. Jacquier (1711-1788)[207] était du même avis :

« J'étais bien persuadé que les tremblements de terre et les éruptions volcaniques pussent exciter une violente électrisation et une grande quantité d'air inflammable même dans des lieux distants du foyer, mais pouvais difficilement croire que les actions émanées de la Calabre comme d'un centre pussent se propager dans une grande partie de notre globe presque dans le même instant, et encore plus fortement dans les lieux les plus éloignés[208]. »

C'est à Benjamin Franklin que l'on attribue généralement la reconnaissance que le brouillard sec était dû à l'éruption

---

206 Sarconi, p. 513 (§ 1402)

207 «Le Père François Jacquier, écrit Goethe en 1787, demeure à la Trinité des Monts. Il est français de naissance et connu par ses ouvrages de mathématiques. C'est un vieillard très agréable et très sage. Il a connu les hommes les plus distingués de son temps et même il a passé quelques mois chez Voltaire, qui l'avait pris en grande affection. » (*Voyage en Italie, op. cit.*, p. 192.)

208 Antologia Romana, N° XXII, Novembre 1783, p. 169 : *Lettera del Reverendissimo P. Jacquier ad un suo amico.*

du volcan Lakagígar, en Islande. Cependant, Franklin n'excluait pas qu'une comète en fût la cause :

« La cause de ce brouillard universel n'est pas encore connue. On ne sait pas avec certitude, s'il est adventice à la terre, et simplement une fumée, provenant de la combustion de quelques uns de ces globes enflammés qu'il nous arrive de rencontrer dans notre course rapide autour du soleil [...] et dont la fumée peut être attirée et retenue par notre terre, ou bien s'il s'agit de la vaste quantité de fumée, qui est sortie pendant l'été de l'Hécla en Islande, et de cet autre volcan qui surgit de la mer près de cette île, laquelle fumée aurait pu être répandue sur la partie septentrionale du monde par divers vents [...] [209]. »

En outre, Franklin n'était pas le premier à avoir eu cette idée. Un an auparavant, sans exclure que le brouillard sec pût être dû au tremblement de terre de Calabre, Dom Robert Hickmann, de l'abbaye de St Hubert dans les Ardennes belges, écrivait au *Journal Encyclopédique*, le 29 juillet 1783 : « Or, les papiers publics nous ayant appris, d'un côté, les désastres produits depuis le mois de Mars, par les éruptions ignées extraordinaires de la Sicile et de la Calabre, & de l'autre qu'un patron danois avoit découvert à 10 lieues de l'Islande, de nouvelles terres enveloppées de brouillards, d'où il vit ensuite s'élever d'épaisses fumées [...] je crois pouvoir inférer de tous ces faits, que dans l'intérieur des terres, ou dans d'autres isles plus voisines du pôle septentrional, il s'est formé en même temps de nouveaux volcans et des bouleversemens analogues à ceux de la Calabre et de la Sicile [...]. Ce sont les affaissemens de la Calabre et de la Sicile & de quelques isles voisines qui ont produit par contre-coup l'éruption de la nouvelle isle dans le voisinage de l'Islande. [...] Enfin, c'est à ces bouleversemens de l'Islande et des pays voisins,

[209] Franklin, B., *Literary and Philosophical Society of Manchester,* 22 décembre 1784.

probablement plus considérables que ceux de la Calabre, & qui ne sont pas encore terminés, que j'attribue ce fameux brouillard sec et sulfureux qui a régné ici depuis le 25 Juin jusqu'au 4 Juillet[210]. »

Et, dès le 7 août 1783, le naturaliste et économiste Jacques-Antoine Mourgue de Montredon (1734 -1818) avait fait à la Société royale des sciences de Montpellier, puis plus tard à l'Académie des sciences de Paris, une communication qui attribuait les vapeurs sulfureuses aux feux souterrains, responsables autant des tremblements de terre de Calabre que des éruptions islandaises : « D'après les tremblemens de terre & les bouleversemens qu'il y eut cette année en Europe, ne serons nous pas fondés à penser que, par des causes qui vraisemblablement ne nous seront jamais connues, les principaux foyers des feux souterreins renfermés sous la partie du globe que nous habitons furent mis dans une activité extraordinaire ? Ces feux souterreins furent mis en action presque dans le même temps sur une assez large bande de terre dans la direction du Nord-ouest au Sud-est de l'Europe, sur une étendue d'environ 35 degrés, depuis l'Islande jusqu'à Tripoli de Syrie. L'explosion fut terrible aux extrémités de cette bande de terre, en Islande et dans la Calabre[211]. »

Montredon était convaincu que la vapeur sèche qui obscurcissait le royaume et la ville de Naples était due aux « exhalaisons produites par les continuels tremblemens de terre de la Calabre ». D'ailleurs ses recherches sur les grands tremblements de terre lui permettaient d'écrire que

---

[210] Hickmann, R., Observations adressées aux auteurs de ce Journal sur la cause du brouillard extraordinaire qui a régné cette année, *Journal Encyclopédique*, tome VI, p. 505-512, septembre 1783.

[211] Mourgue de Montredon, Recherches sur l'origine & sur la nature des Vapeurs qui ont régné dans l'Atmosphère pendant l'été de 1783, *Mémoires de l'Académie royale des sciences*, 1784, p. 754-773.

« Il n'en est aucun qui n'ait produit quelque grande altération dans l'atmosphère. »

On sait maintenant que ce remarquable brouillard n'avait rien à voir avec les tremblements de terre de Calabre et qu'il fut causé uniquement par l'éruption, qui débuta le 8 juin 1783, du volcan fissural Lakagígar, dans l'est de l'Islande. L'éruption dura huit mois et produisit la plus grande coulée de lave des temps historiques (12 km^3 de lave), ainsi qu'une énorme quantité de gaz sulfureux, causant le brouillard sec. En outre, le gaz sulfureux, atteignant la stratosphère, forma un aérosol d'acide sulfurique qui, réfléchissant les rayons solaire, fut à l'origine des grands froids de l'hiver 1783-84, en Europe et aux États Unis. En Islande, les retombées causèrent la destruction des récoltes, la perte de 75% du cheptel et une famine qui fit périr près du quart de la population de l'Islande[212]. Le brouillard toxique causa une importante surmortalité, en Angleterre et en France[213].

---

[212] Sigurdsson, H., Volcanic pollution and climate : The 1783 Laki eruption, *EOS, American Geophysical Union*, vol. 63, August 10, 1982.

[213] Le Roy Ladurie, E., *Histoire humaine et comparée du climat*, tome II, p.111-119, Paris, Fayard, 2006.

CHAPITRE VII

Les retombées littéraires

Au XVIIIe siècle, la « République des lettres » était en prise avec la réalité. Les événements remarquables qui survenaient dans le monde ne laissaient pas indifférents savants et littérateurs. Les poètes ne mettaient guère en vers leurs sentiments intimes et états d'âme, comme ils le feront à l'époque romantique ; en revanche, ils saisissaient l'occasion de la naissance d'un prince, d'une victoire militaire ou d'une catastrophe pour composer épîtres, odes et poésies descriptives, souvent dans le plus bref délai.

Le tremblement de terre qui détruisit Lisbonne en 1755 avait donné lieu dans toute l'Europe à une importante production littéraire.

Comme le disait plaisamment le critique littéraire Élie Fréron (1718-1776), en présentant une ode sur ce tremblement de terre[214] : « Les convulsions de Cybèle en donnent à Calliope[215]. »

On connaît bien le *Poème sur le désastre de Lisbonne en 1755* de Voltaire, et la controverse avec Rousseau sur l'Optimisme, mais on sait moins, en général, que ce tremblement de terre a inspiré un nombre considérable de poèmes, romans et pièces de théâtre, au Portugal certes, mais aussi en France, en Italie, en Allemagne et jusqu'au Danemark et en Suède[216].

---

[214] *Année Littéraire,* 1756, t. III, p.161.

[215] Cybèle était la déesse grecque associée à la Terre et Calliope, la muse de la poésie épique.

[216] Poirier, J.-P., *Le tremblement de terre de Lisbonne*, Paris, O. Jacob, 2005.

On ne peut pas en dire autant du tremblement de terre de Calabre, qui n'eut pas le même retentissement en Europe, sans doute, comme nous l'avons vu, parce que Naples, la capitale du royaume n'avait pas souffert le moins du monde, mais aussi, peut-être, parce que la querelle de l'Optimisme qui avait inspiré nombre de poèmes sur le désastre de Lisbonne était pratiquement éteinte. Je n'ai donc trouvé que peu de poèmes dans les langues autres que l'italien.

Dans l'ensemble, c'est d'ailleurs la ruine de la grande ville de Messine, plus que la dévastation des campagnes calabraises qui inspira les poètes.

En France, en 1783, une « Ode Philosophique », *Le désastre de Messine, ou les Volcans*,[217] fit l'objet de recensions dans trois des principaux périodiques littéraires.

L'*Année littéraire* s'amuse du titre : « Une Ode Philosophique! Eh quoi ! Monsieur, la Philosophie s'empare-t-elle aussi de l'Ode ? » et relève sans pitié clichés et répétitions.[218]

Le *Journal Encyclopédique* n'est pas plus indulgent pour cette ode didactique dans laquelle l'auteur « promet d'unir *le feu du génie aux froids travaux du scrutateur*[219].»

« Mettons nos lecteurs à portée de juger s'il tient parole » écrit l'auteur de la recension qui livre à ceux-ci quelques strophes :

Déjà la terre frémissante
S'ébranle, mugit sous nos pas,
Est-ce la foudre & ses éclats
Qui portent ici l'épouvante?
Tous les monts, de leur sein affreux,
Parmi des tourbillons de feux,

[217] *Le désastre de Messine, ou les Volcans*, Ode Philosophique, A Paris, Chez les marchands de nouveautés , in-8°, 1783.
[218] *Année littéraire*, 1783, t. IV, lettre XIV, p. 281.
[219] *Journal Encyclopédique*, 15 juillet 1783, p. 289.

Lancent des roches embrasées;
Les bergers, avec leurs troupeaux,
Sous leurs cabanes écrasées,
Trouvent la mort & leurs tombeaux.
[....]
La terre entr'ouvre ses abymes,
Engloutit les êtres vivans!
L'eau, les feux, tous les élémens
Se disputent tant de victimes ?
Les tours, les temples, leurs autels,
Qu'embrassent les tremblans mortels,
S'écroulent, hâtent leur ruine!
Tout sert à combler leur malheur !
Déja la superbe Messine
N'est plus qu'un vaste champ d'horreur.
[...]

Et, pour conclure, arrive l'interrogation perfide : «Dans ces stances [...] un lecteur impartial & judicieux trouvera-t-il *le feu du génie uni aux froids travaux du scrutateur* ? »

L'*Esprit des Journaux* est moins sévère[220]. Il note d'abord : « Le terrible événement de Messine étoit bien fait pour allumer la verve de nos poètes lyriques ». Après avoir relevé les défauts du poème, l'auteur de la recension poursuit : « Mais à travers ses négligences, cet ouvrage annonce & prouve du talent ; on y trouve de l'enthousiasme, cette qualité si rare, qui a manqué à tant d'hommes, même célèbres ». Et la conclusion est mi-figue mi-raisin : « En général on pourroit reprocher à cette ode des formes un peu prosaïques, des peintures trop uniformes, des redites; par exemple, le mot *affreux* y est répété cinq fois : *catastrophe affreuse, sein affreux, onde affreuse, soupiraux affreux, affreux volcans*; l'auteur ne voudroit pas qu'on dît que tout

[220] *Esprit des Journaux, françois et étrangers,* novembre 1783, t. XI, p. 66

est *affreux* dans son ouvrage. Ce seroit une fort mauvaise plaisanterie, en rendant compte d'une ode où il y a de la noblesse de l'énergie, & plus de poésie que le titre ne sembloit en promettre. »

Le 30 pluviose de l'an XI de la République française[221], vingt ans après le désastre de Calabre, *La Décade philosophique, littéraire et politique*, faisait état d'une ode d'un certain Vaysse[222]. Il s'agit de Régis Jean-François Vaysse de Villiers (1767-env.1840), «laborieux membre de l'administration des postes[223] », qui publia en particulier, la *Description routière et géographique de l'Empire français,* et termina sa carrière comme inspecteur des postes.

Le citoyen Vaysse, est-il dit, présente cette ode comme une œuvre de jeunesse retrouvée dans ses vieux papiers et dont, dit-il, « Quelques amis pensèrent qu'elle ne méritait pas l'oubli auquel je l'avais condamnée. »

L'auteur de la recension trouve cette ode « un peu longue ; c'est un défaut commun à beaucoup d'odes modernes ». Il en cite « quelques strophes bien faites » :

Des cités anéanties,
J'y vois les restes brûlans ;
Des nations englouties,
J'y vois les lambeaux sanglans.
Parmi des torrens de soufre,
Elles trouvent dans ce gouffre
Le trépas et le tombeau.
Et la flamme dévorante,
A cette foule expirante,
Sert de funèbre flambeau.

---

[221] 19 février 1803.

[222] Vaysse, *Ode sur les tremblemens de terre de la Sicile et de la Calabre, arrivés en 1783*, Paris, Dabin, s.d..

[223] Biographie Universelle de Michaud.

O Nature! à quel délire
Livres-tu les élémens ?
Toi-même de ton empire
Tu sappes les fondemens.
Est-ce trop peu des tempêtes,
Et des feux que sur nos têtes
Tu rassembles dans les airs ?
Pour mieux nous réduire en poudre,
As-tu besoin de la foudre
Que recèlent les enfers ?

En conclusion, « Le C. Vaysse n'a point suivi, à ce qu'il paraît la carrière poétique. On peut croire qu'il y eût obtenu des succès, à en juger par cet ouvrage de sa jeunesse. On n'y trouve pas la main d'un maître; mais c'est ce qu'on peut appeler un talent d'amateur. »

En Angleterre, c'est William Cowper (1731-1800), considéré comme le précurseur du Romantisme en poésie, qui se saisit du thème du désastre de 1783. Il lui consacra les cent trente vers du livre II, intitulé *The Time-piece*, de son poème de six mille vers blancs en six livres, *The Task*, commencé en 1783 et publié en 1785[224].

Cowper commence d'abord par se lamenter sur le sort de la Sicile, sans même mentionner la Calabre :

« Sicile, Hélas! De grossiers fragments
sont maintenant épars
où s'élevaient d'élégantes colonnes.
Ses palais sont en poussière [...] »

puis, il décrit comment la terre tremble à l'approche du Seigneur — on retrouve le tremblement de terre de théophanie mentionné dans la Bible[225]. Cowper reprend

---

[224] Cowper, W., *The Task and other poems*, London, Cassell, 1889.
[225] Deborah (*Juges*, V, 4)

alors et met en vers, en les attribuant à la Sicile, les descriptions du bouleversement des paysages de Calabre qu'ont données Pignatelli et Sarconi : lacs formés par les rivières obstruées, terrains transportés au loin, etc.. Il évoque le tsunami et la mort du prince de Scilla : « Où est maintenant la foule qui se pressait sur la grève, et en hâte de fuir, voyait son salut dans la mer ? Ils sont partis, partis dans les profondeurs avec le reflux de la vague, un prince et la moitié de son peuple[226]. »

Le poème prend ensuite un ton parénétique semblable à celui des « earthquake-sermons » qui avaient fleuri après le tremblement de terre de Lisbonne. Cowper déclare que le péché est la cause d'un tel mal,[227] la colère de Dieu est redoutable et l'Angleterre plus coupable encore doit trembler et craindre de ne pas être épargnée[228].

Mais c'est évidemment aux Italiens, surtout mais pas uniquement Calabrais, que l'on doit l'essentiel de la production poétique sur le désastre.

Francesco Saverio De Rogati (1745-1827), juriste, fut inspecteur de la *Cassa Sacra* puis, en 1806, président de la province de Catanzaro, et intendant de la Calabre ultérieure, en 1808. Son poème *Pel tremuoto del 1783*, en vingt-quatre quatrains,[229] présente le tremblement de terre comme l'œuvre de Dieu :

> Dieu s'indigne : tremblante se meut
> Sous les pas la terre peu fiable !
> Ah fuir... mais comment, mais où

[226] Where now the throng / That pressed the beach, and hasty to depart / Looked to the sea for safety ? They are gone, / Gone with the refluent wave into the deep, / A prince with half of his people [...].

[227] Such evil sin hath wrought.

[228] Tremble and be amazed at thine escape, / Far guiltier England ! lest he spare not thee.

[229] *Poesie varie del signor Francesco Saverio De Rogati*, Napoli, Cartiera del Fibreno, 1842, p. 15-18.

O Seigneur, me cacher de Toi ? [230]
[...]

Les dernières strophes du poème sont une invocation à saint Janvier qui, jadis, aurait protégé Naples des laves du Vésuve.

D'un ton bien différent sont les poèmes de l'abbé franc-maçon calabrais Antonio Jerocades (1738-1805) qui avait été élève du séminaire de Tropea. Entre 1783 et 1785, il publia *La Lira Focense*, recueil de cent vingt poèmes d'inspiration maçonnique[231]. Un des poèmes est intitulé *Il Tremuoto* [232]:

Le sol tremble, la mer nous inonde,
Le Ciel est sourd à nos tristes accents.
Entre angoisses et lamentations,
Qui nous donnera secours ?
Sur la plage et sur la rive
La fleur dépérit, le fleuve s'arrête.
Ah voyons si Bacchus est divinité
De vengeance ou de pitié.

[230] Dio si sdegna : tremando si muove / Sotto i passi mal fida la terra ! / Ah si fugga... ma come, ma dove / O Signor, mi nascondo di Te ?

[231] *La Lira Focense*, s.l., s.n., s.d. Le recueil est intitulé : « La lyre phocéenne », c'est-à-dire la lyre marseillaise, en référence à Marseille où Jerocades séjourna plusieurs fois en exil.

[232] Trema il suolo, il mar c'inondi / Sordo è il Cielo a' mesti accenti. /Fra gli affanni e fra i lamenti / Chi soccorso a noi darà ? / Nella spiaggia, e nella sponda / Langue il fior, s'arresta il fiume. / Ah vediam se Bacco è Nume / Di vendetta o di pietà. / Se fuggir tu vuoi dall'ira, / Che minaccia e strage e morte, / Serba in petto un alma forte, / Che il tuo scudo allor sarà. / Mentre il volgo andar si mira / Spaventato all'ara e al trono; / Alza il canto, e sciogli il suono, / E de' Saggi al Tempio va. / Questo è il Tempio eterno, e questo / Non vacilla, e non ruina. / Se mai cade al suol Messina, / E' nel suol non mai cadrà. [...]

Si tu veux fuir la colère
Qui menace massacre et mort,
Garde en ton cœur une âme forte
Qui alors sera ton bouclier.
Alors que le peuple se tourne
Épouvanté, vers l'autel et le trône;
Élève ton chant et libère le son,
Et va au Temple des Sages.
Celui-ci est le Temple éternel, celui-ci
Ne vacille et ne tombe en ruine.
Si Messine peut tomber à terre,
Lui ne tombera jamais à terre.
[...]

En 1783, Jerocades publia *La natura irata o sia il Terremoto di Calabria e Messina*[233], et *Il terremoto del Capo* (le tremblement de tête) qui attaquait le chapitre de Tropea et l'interprétation du désastre comme un châtiment divin.

L'auteur de l'ouvrage anonyme, dialogue entre un théologien et un franc-maçon, *L'Antilira Focense*[234], s'en prendra violemment à ce poème qui lui donnait la nausée: « Pour réussir dans sa diabolique entreprise, il vomit les impiétés suivantes. 1. que le tremblement de terre ne soit pas un véritable châtiment de Dieu, mais un effet du hasard aveugle ou de la nature qui de temps en temps déchire le voile qui la recouvre. 2. qu'en conséquence les prières sont inutiles et ne peuvent interrompre le cours du destin immuable. 3. que pendant le cours des fléaux il faut rire et garder une âme imperturbable. 4. que les ministres de l'Église sont ridicules parce qu'ils promeuvent les pratiques

---

[233] *La natura irata o sia il Terremoto di Calabria e Messina. Poemetto in un canto in ottava rima*, Napoli, 1783.
[234] *Antilira Focense o Dialoghi con cui si rende ravveduto un massone o Libero Muratore*, sl, sn, 1789, p. 241 sqq.

inspirées de la Religion. » Quant au petit poème *Il tremuoto* de *La Lira Focense,* qui « vomit le même venin », l'auteur y « conseille de rire, devant la colère de Dieu, de recourir à Bacchus, de s'enivrer et de se réfugier dans le Temple Maçonnique. »

Pier Giovanni Salimbeni (1721-1792), notaire et poète, produisit un poème moral « Le Rabbin[235] » Au chant X (stance 54) il décrit la ruine du magnifique couvent dominicain de Soriano, et la mort du prince de Scilla et de la princesse de Gerace.

Passons sur le monumental poème en trois chants et 278 octaves[236] dans lequel Antonio Faccioli, physicien de Monteleone, met en vers le rapport du Vicaire général Pignatelli, et donne le détail des victimes, village par village. Un exemple suffira :

> Deux enfants, six femmes et trois paysans,
> dans la destruction de Tritanti,
> périrent et furent démembrés[237].
> [...]

D'autres furent moins ambitieux et se contentèrent de sonnets, parfois en dialecte, comme celui de Gianfrancesco Rodinò[238].

Même des poètes éloignés du lieu de la catastrophe se saisirent immédiatement de leur lyre. Ainsi Giuseppe Urbano Pagani-Cesa (1757-1835) écrivain de Belluno, en

---

[235] Salimbeni, P. G., *Il Rabbino ovvero li tremoti di Calabria, poema morale,* Napoli, Michele Morelli, 1786, 1789.

[236] Faccioli, A., *Memorie fisico-tragiche sulla storia del terremoto e suoi fenomeni accaduti nella Provincia di Calabrai Ulteriore*, Napoli, 1787.

[237] Due fanciulli, sei donne, e tre villani / nella destruzione di Tritanti / trovansi estinti, e disquarciati a brani. [...].

[238] Rodinò, G., *Lu terremotu di lu Milli Settecentu Ottantatre. Sonettu,* in *Poesie varie di G.R. barone di Miglione*, Napoli, Floriana, 1843.

Vénétie, écrivit *Il terremoto di Messina*[239] dès 1783, et Francesco Cassoli (1749-1812), poète de Reggio di Emilia, consacra un sonnet au désastre[240].

Ignazio Paternò Castello prince de Biscari (1719-1786) était assez voisin de Messine puisqu'il avait un palais à Catane. C'était un archéologue distingué qui avait effectué plusieurs fouilles et était membre de nombreuses académies européennes, en particulier de l'Académie royale des Sciences, Belles-Lettres et Arts de Bordeaux où il avait été élu au siège de Voltaire. Sous le pseudonyme de *Pensante Peloritano*, il dédia à cette académie un poème intitulé [241] : *Descrizione del Terribile Terremoto de' 5 Febraro 1783.* En dépit de l'opposition de l'auteur qui le jugeait trop imparfait, ce poème de 118 octaves fut publié en 1784, par Michele Torcia dans l'intérêt, dit celui-ci, du public et de la République des Lettres.

Le prince de Biscari a composé ce que l'on pourrait appeler une églogue tragique : le tremblement de terre est vécu et raconté par des bergers, semblables à ceux des poésies bucoliques. On retrouve les mêmes *topoi* qui avaient déjà beaucoup servi aux poètes lors du tremblement de terre de Lisbonne[242] : ainsi, l'air, la terre et la mer concourent au désastre[243], de même que la célèbre

---

[239] Pagani-Cesa, G., U., *Il terremoto di Messina. Pensieri di un amico dell'Umanità*, in G. A. Brocchi, *Critica del nobile signor G. A. B. trevigiano fatta all'opuscolo intitolato Il terremoto di Messina. Con la risposta di Giuseppe Urbano Pagani Cesa autor dell'opuscolo. Premessovi questo, a soddisfazione di chi vorrà farsi giudice*, Venezia, Valvasense, 1783

[240] Cassoli, F., *Poesie*, a cura di B. Danna, Modena, Mucchi, 1995.

[241] *Descrizione del terribile terremoto de'5 febraro 1783 che afflitte la Sicilia, distrusse Messina e gran parte della Calabria, diretta Alla Reale Accademia di Bordeaux, poesia del pensante Peloritano.* Napoli, V. Mazzola-Vocola, 1783.

[242] Poirier, J.-P., *Le tremblement de terre de Lisbonne*, Paris, Odile Jacob, 2005.

[243] Concorse alla sciagura / L'aria, la terra, e il mare. (XXII)

paraphrase de la citation de Virgile : *Et campus ubi Troja fuit*. (Énéide V. 10) appliquée à Messine :

Quelles amères et méchantes nouvelles !
Quels massacres ! Quelle ruine !
Oubliez Messine ; Messine n'est plus.
Tombèrent au sol
Les imposants édifices :
Messine n'est plus qu'un nom ;
On peut dire qu'ici elle fut[244].

Un vieillard arrivé sur un esquif annonce le tremblement de terre de Calabre « Tremblement si terrible que jamais il n'en fut ni n'en sera[245]». Il raconte longuement le raz de marée de Scilla (LXV-LXXXVII) et la mort du prince.

Les bergers voient arriver les bateaux portant les secours envoyés par « la main pieuse et généreuse du Roi», ainsi que les galères de l'Ordre de Malte.

A la fin du poème, Biscari, qui était pourtant le successeur de Voltaire à l'Académie de Bordeaux, retrouve les accents de Pangloss :

Gardez à l'esprit
Que tout ce qui arrive est bon
Souvent le tonnerre donne la pluie
Et devient utile.
Espérer à raison
L'homme qui ne voit pas tout :

---

[244] Che amare e rie novelle ! / Che straggi ! Che rovina ! /Scordatevi Messina ; / Messina non v'è più. / Cadder le altere e belle / Moli uniformi al suolo: / Messina è un nome solo; / Può dirsi qui già fu. (XXI)
[245] Tremor, che si terribile / Mai fù, ne mai sarà. (LXI)

Qu'aucun mal n'arrive ici bas
Qui ne produise un bien.[246]

[246] Abbiate in mente scritto / Che quanto accade è buono : / Spesso dà pioggia il tuono, / Ed utile divien. / Sperare a giusto drìtto / L'uom che non tutto vede : / Che mal quì non succede / Che non produca un ben. (CXVI)

CONCLUSION

Le tremblement de terre de Calabre et de Messine est l'un des deux grands séismes, avec celui de Lisbonne, qui ont affligé l'Europe au XVIIIe siècle. Nous avons déjà vu pourquoi, à mon sens, il est moins célèbre que ce dernier. Et cependant, alors que le désastre de Lisbonne n'avait guère été autre chose qu'un désastre et n'avait pas fait avancer la science, il en a été tout autrement pour celui de Calabre.

Immanuel Kant (1724-1804) ne quittait jamais Königsberg et il n'était donc pas question qu'il se rendît sur le terrain pour se rendre compte *de visu* des effets du séisme de Lisbonne...et d'ailleurs, qu'aurait-il vu ? Les ruines de Lisbonne et rien que des ruines. En effet, l'épicentre du séisme était en mer, au large du cap Saint Vincent, et si Lisbonne avait été détruite, les paysages du Portugal n'avaient pas été bouleversés. Kant s'était donc contenté de réfléchir, en son cabinet, sur les causes du séisme, à la lumière des théories de l'époque, qui n'étaient fondamentalement guère différentes de celles d'Aristote, de Pline et de Lucrèce (*v. supra*).

En Calabre, au contraire, des failles avaient joué sur la terre ferme, de profondes crevasses avaient fendu le sol en de nombreux endroits, des pans entiers de montagne s'étaient écroulés, des glissements de terrain spectaculaires avaient déplacé des champs, obstrués le cours de fleuves et créé des lacs, bref tout l'aspect du pays avait été modifié.

Il y avait là de quoi intéresser les géologues, et quelles qu'aient été leurs opinions sur les causes premières du désastre, il restait que des observations sérieuses étaient possibles.

Certes, les géologues au sens moderne du terme n'étaient pas encore légion, mais il y avait des naturalistes de quelque talent, comme ceux qui firent partie de l'expédition envoyée par l'Académie des sciences de Naples, sous la direction de Michele Sarconi.

Il y eut aussi des amateurs de grande valeur, comme William Hamilton, qui s'intéressait d'abord aux volcans, mais qui alla sur le terrain et décrivit les effets géologiques du séisme. Et surtout, c'est Déodat de Dolomieu, qui a laissé un nom en minéralogie et en géologie[247], qui écrivit un rapport sur les conséquences géologiques du tremblement de terre, probablement le premier du genre.

Nous avons déjà parlé de ces deux savants, grâce à qui le tremblement de terre de Calabre a acquis la célébrité dans la République des Lettres.

Si les traces géologiques du séisme ne sont visibles aujourd'hui que pour les sismotectoniciens, il n'en va pas de même des traces sociales. Nombre de petites villes, nous l'avons vu, avaient été détruites de fond en comble et durent être intégralement reconstruites à quelque distance. C'est ce qui s'était passé en Sicile après le grand séisme du Val de Noto de 1693, mais alors que les villes, Noto, Modica, Scicli, Ragusa, etc., furent magnifiquement reconstruites dans l'exubérance du style baroque et attirent maintenant de nombreux touristes, il n'en alla pas de même pour les villes de Calabre. Le style architectural des dernières années du XVIIIe siècle et du début du XIXe siècle était moins spectaculaire.

Quoi qu'il en soit, si le tremblement de terre de 1783 ne fut pas le plus meurtrier des séismes italien, il reste qu'il fit date dans l'histoire de la Calabre et de la sismologie.

---

[247] Le nom de Dolomieu a été donné à un minéral (*dolomite*), à une roche (*dolomie*) et à une région géographique (*Les Dolomites*).

APPENDICE

Échelle d'intensité

Des échelles d'intensité, fondées sur les effets des tremblements de terre sur les constructions et ressentis par les hommes, furent proposées à la fin du XIXe siècle (échelles de Rossi-Forel et de Mercalli). L'intensité (notée en chiffres romains de I à XII) dépend de la distance à l'épicentre et de la nature des terrains et elle est, en général, maximale près de l'épicentre. On utilise en général l'échelle MSK (Medvedev-Sponheuer-Karnik) plus ou moins modifiée et dont une version simplifiée est donnée ci-dessous :

I : Seuls les sismographes très sensibles enregistrent les vibrations.

II : Secousses perceptibles par quelques personnes au repos.

III : Vibrations semblables à celles occasionnées par le passage d'un petit camion. Les suspensions se balancent.

IV : Vibrations semblables à celles occasionnées par le passage d'un gros camion.

V : Séisme ressenti en plein air. Les dormeurs se réveillent.

VI : Les meubles sont déplacés.

VII : Chute des tuiles et corniches. Les cloches des églises sonnent. Des lézardes apparaissent dans les mauvaises constructions.

VIII : Chute des cheminées. Ecroulement des tours, clochers et minarets. Endommagement des mauvaises constructions. Perturbations du régime des eaux.

IX : Panique générale. Destruction totale des mauvaises constructions. Endommagement des bonnes constructions. Crevasses dans le sol. Fontaines de sable.

X : Destruction de toutes les constructions de maçonnerie. Glissements de terrain.

XI : Destruction des constructions les plus solides. Grands glissements de terrain.

XII : Destruction totale des villes. Bouleversements de la topographie.

Pour les tremblements de terre historiques italiens on utilise l'échelle d'intensité MCS, Mercalli-Cancani-Sieberg, qui n'est pas très différente dans le principe.

Magnitudes

La magnitude de Richter est une magnitude locale qui sature pour les grands séismes. On utilise pour ceux-ci la « magnitude de moment » M_w, liée au mécanisme à la source du séisme. L'importance d'un séisme est caractérisée par le moment sismique $M_0 = \mu DS$, où μ est la rigidité élastique du milieu, S, l'aire de la zone qui a glissé d'une distance D sur la faille lors du séisme. Le moment sismique, proportionnel à l'amplitude des ondes de grande période (200 s), peut être déterminé à partir des sismogrammes.

La magnitude de moment est reliée au moment sismique par la formule :

$$M_W = \frac{\log M_0}{1.5} - 10.7$$

L'énergie dégagée en ondes sismiques lors du séisme est reliée à la magnitude de moment par la formule :

$$\log E = 1{,}5\ M_W + 10{,}7$$

Si M_W augmente de 1 point, log E est multiplié par 1,5, et l'énergie libérée par les ondes sismiques est multipliée par 30, (1,5 est à peu près égal à log 30). Le séisme de Valdivia, au Chili, le 22 mai 1960, est le plus fort jamais enregistré, sa magnitude de moment était M_W= 9,5

INDEX DES NOMS DE PERSONNES

INDEX DES NOMS DE LIEUX

Table

L'histoire
aux éditions L'Harmattan

Dernières parutions

LES ORIGINES CHRÉTIENNES DE LA DÉMOCRATIE MODERNE
La part du Moyen Âge
Georges Jehel
Le passage de la démocratie antique à la démocratie moderne s'est réalisé par l'intermédiaire du Moyen Âge. Après la chute de l'Empire romain en Occident, les évêques se substituèrent aux pouvoirs civils défaillants. Les ordres monastiques posaient les bases d'une gestion collective ouvrant sur le parlementarisme par recours aux élections. Dans le même temps s'opérait une révolution intellectuelle qui suscita l'essor de la pensée critique dans l'université, alors aux mains du clergé...
(Coll. Historiques, série Travaux, 23.00 euros, 216 p.)
ISBN : 978-2-343-12608-1, ISBN EBOOK : 978-2-14-004237-9

NON-VIOLENCE : COMBATS D'HIER ET DE DEMAIN
Non-violence et traits culturels et identitaires dans le monde globalisé du XXIe siècle
Sous la direction de Madhu Benoit et Jean-Pierre Benoit
La frêle silhouette de Gandhi, la haute stature du pasteur Martin Luther King ou les bras ouverts de Nelson Mandela, rendu à la liberté après vingt-sept ans de prison, font partie de la grande geste de l'humanité, gravée dans tous les esprits à travers le monde. Trois hommes qui ont en commun d'avoir entraîné le peuple dans une lutte victorieuse, sans armes et sans violence. En ce début du XXIe siècle, ensanglanté par le terrorisme et des guerres atroces, la « non-violence » n'est-elle plus qu'une image d'Épinal ? Huit auteurs explorent ici l'histoire contemporaine à travers les luttes non violentes.
(Coll. Discours identitaires dans la mondialisation, 17.50 euros, 164 p.)
ISBN : 978-2-343-12313-4, ISBN EBOOK : 978-2-14-004203-4

CHRONIQUES D'HIER ET DE DEMAIN
Publiées dans le journal *La Croix* **(1988-2011)**
Clergerie Jean-Louis
Pendant un peu plus de vingt ans, de 1988 à 2011, l'auteur a collaboré au quotidien *La Croix*, où il analysait, en toute liberté mais également avec la rigueur de l'universitaire, l'actualité nationale, européenne et internationale. Voici l'ensemble de ses chroniques regroupées selon des axes nationaux, européens et internationaux, qui gardent toute leur pertinence.
(30.00 euros, 298 p.)
ISBN : 978-2-343-12094-2, ISBN EBOOK : 978-2-14-004356-7

GÉOGRAPHIE DU SOUVENIR
Ancrages spatiaux des mémoires de la Shoah
Chevalier Dominique - Préface de Denis Peschanski
La mondialisation des mémoires de la Shoah, telles que représentées dans des musées et des mémoriaux nationaux, constitue une caractéristique majeure des dimensions contemporaines de ce phénomène. Ce livre présente tout d'abord ces nombreux lieux du souvenir, leur géographie mais aussi leur insertion dans leur environnement urbain. C'est donc à la fois à un panorama des musées et mémoriaux de la Shoah dans le monde que ce livre convie le lecteur, mais aussi à une analyse sensible de la manière dont ils sont pratiqués et insérés dans la ville.
(Coll. Géographie et cultures, 22.00 euros, 244 p.)
ISBN : 978-2-343-12443-8, ISBN EBOOK : 978-2-14-004093-1

DIX ANS D'HISTOIRE MARITIME (2007-2016)
Lemaître Vincent
Vous découvrirez dans cet ouvrage les temps fort de l'histoire maritime de ces dix dernières années en parcourant la marine de commerce, la vie économique des ports, la pêche, la plaisance, la marine de guerre, la protection de l'environnement, les textes nationaux et internationaux qui ont été adoptés et leurs conséquences. L'auteur s'attache aussi à évoquer les accidents, les naufrages, les pollutions les plus marquantes. Au-delà de l'Hexagone, les thèmes de la piraterie, de la lutte contre les narcotrafics, du traitement de l'immigration sont notamment abordés.
(14.00 euros, 122 p.)
ISBN : 978-2-343-11730-0, ISBN EBOOK : 978-2-14-004292-8

ARCHÉOLOGIE DES INTERFACES
Une approche de saisie et d'explication des systèmes socioculturels
Elouga Martin
L'archéologie des interfaces est une approche des sociétés que propose l'auteur. Il s'agit de partir des faits observés sur le terrain pour reconstituer les interactions sociales et les rapports homme-milieu, ainsi que les activités qui en résultent et dont les traces structurent les sites.
(17.50 euros, 160 p.)
ISBN : 978-2-343-10421-8, ISBN EBOOK : 978-2-14-004130-3

POSÉIDON
Ébranleur de la terre et maître de la mer
Andrieu Gilbert
En étudiant Poséidon, on s'aperçoit que les légendes ont surtout servi à imposer un état d'esprit tout en écartant ce qui pouvait contredire l'ordre nouveau que les aèdes voulaient imposer. Les dieux servent surtout à justifier un art de vivre. Ainsi, cerner la personnalité de Poséidon ne consiste pas à en faire un portrait saisissant, mais à comprendre les mortels qui lui ont donné des fonctions particulières.
(21.50 euros, 212 p.)
ISBN : 978-2-343-12088-1, ISBN EBOOK : 978-2-14-003937-9

ARCHÉOLOGIE DE LA PENSÉE SEXISTE
Du Moyen Âge au XXIe siècle
Labrecque Georges
Bien des oeuvres révèlent, dans divers domaines de la pensée, le mépris adressé à la femme et inspiré de manuscrits remontant à l'Antiquité. Du Moyen Âge à aujourd'hui, des femmes ont voulu dénoncer ces injustices dans des documents d'autant plus remarquables qu'elles ont été peu nombreuses à prendre la plume. Quelle sera la relève au XXIe siècle ? Cet ouvrage propose de nombreux manuscrits et montre que les préjudices subis aujourd'hui par les femmes plongent leurs racines dans un passé lointain et se manifestent sous diverses formes.
(42.00 euros, 484 p.)
ISBN : 978-2-343-12339-4, ISBN EBOOK : 978-2-14-003975-1

LES CAMPEURS DE LA RÉPUBLIQUE
Lefeuvre-Déotte Martine
le Groupement des campeurs universitaires (GCU) est aujourd'hui la plus importante association de campeurs en Europe avec 50 000 adhérents qui sont collectivement propriétaires d'une centaine de terrains. Bénévole, solidaire et autogestionnaire, ce mouvement, créé en 1937 dans l'élan du Front populaire, aménage bénévolement de jolis terrains pour y vivre l'été. L'auteure a mené son investigation au cœur de cette microsociété, ouverte aujourd'hui à tous ceux qui partagent ses valeurs fondatrices : humaines, laïques, solidaires et conviviales.
(Coll. Esthétiques, série Culture et Politique, 24.50 euros, 240 p.)
ISBN : 978-2-343-12210-6, ISBN EBOOK : 978-2-14-003917-1

LEÇONS DU TEMPS COLONIAL DANS LES MANUELS SCOLAIRES
Coordonné par Pierre Boutan et Sabeha Benmansour-Benkelfat
La colonisation a régulièrement fait partie des contenus d'enseignement pendant cette période historique, comme après les indépendances. Les douze contributions réunies ici portent sur l'enseignement de l'histoire, mais aussi sur celui des langues : langue des colonisateurs, langue des colonisés… Elles étudient les variations selon les publics visés, les matières enseignées, les auteurs et les éditeurs. Les exemples sont tirés en priorité des relations entre France et Algérie, avec une étude sur la Tunisie et le Maroc.
(Coll. Manuels scolaires et sociétés, 25.50 euros, 240 p.)
ISBN : 978-2-343-11598-6, ISBN EBOOK : 978-2-14-003837-2

LA TRADITION JUIVE ET SA SURVIVANCE À L'ÉPREUVE DE LA SHOAH (Tome 1)
Feinermann Emmanuel
Exilé et dispersé parmi les nations, le peuple juif a été confronté deux millénaires durant à l'expérience de la survie. À l'aube du XXe siècle, il entrevoit enfin l'ère des grandes espérances. Sa survie dépendait, en premier lieu, de la chance et du sens donné à la vie avant le cataclysme hitlérien : une vie intérieure riche et catalysée par une forte culture et une foi religieuse profonde. Cet ouvrage revient donc sur la survivance de la tradition juive face à la prise du pouvoir par Hitler.
(39.00 euros, 494 p.)
ISBN : 978-2-343-09860-9, ISBN EBOOK : 978-2-14-004021-4

LA TRADITION JUIVE ET SA SURVIVANCE À L'ÉPREUVE DE LA SHOAH (Tome 2)
Feinermann Emmanuel
Ce deuxième tome étudie le comportement humain et religieux dans les situations extrêmes sous la dictature hitlérienne. Afin d'assurer la survivance de la tradition juive, forts de leur expérience millénaire de la souffrance, les Juifs européens entrèrent en résistance spirituelle dans les lieux d'enfermement : ghettos, bunkers, camps de concentration et d'extermination. Dans cet univers de fin du monde, certains « métiers » imposés par les nazis ont en effet débouché sur la survie, et c'est donc ce que tente de mettre en avant cet ouvrage.
(39.00 euros, 448 p.)
ISBN : 978-2-343-12327-1, ISBN EBOOK : 978-2-14-004022-1

DICTIONNAIRE AMOUREUX DES DIEUX DE L'OLYMPE
Andrieu Gilbert
Si les dieux sont amoureux, il ne faut pas oublier qu'ils ne sont que le produit des poètes et que leurs amours sont imaginées par des hommes. C'est donc en observant comment les dieux vivent leur passion, comment ils se comportent, que nous pouvons imaginer comment vivaient nos ancêtres du temps d'Homère et d'Hésiode. En regroupant les amours divines, l'auteur nous offre un délassement agréable et instructif.
(24.50 euros, 242 p.)
ISBN : 978-2-343-10839-1, ISBN EBOOK : 978-2-14-003671-2

MAIS COMMENT EN EST-ON ARRIVÉ LÀ ?
La terre de 4 000 à 4,5 milliards d'années
Rouffet Michel
De l'Ancien Testament aux derniers calculs pour déterminer l'âge de la Terre, les chiffres varient considérablement : 4 000 ans, 75 000 ans, 4,5 milliards d'années... L'auteur raconte et démontre non seulement comment l'estimation de l'âge de notre planète a évolué au cours des siècles, mais également comment des points de vue si divergents peuvent converger et se retrouver complémentaires. Avec lui, nous découvrons que science et religion ne sont pas forcément aussi opposées que l'on pourrait le croire.
(Coll. Acteurs de la Science, 23.50 euros, 236 p.)
ISBN : 978-2-343-10343-3, ISBN EBOOK : 978-2-14-002270-8

L'HARMATTAN ITALIA
Via Degli Artisti 15; 10124 Torino
harmattan.italia@gmail.com

L'HARMATTAN HONGRIE
Könyvesbolt ; Kossuth L. u. 14-16
1053 Budapest

L'HARMATTAN KINSHASA
185, avenue Nyangwe
Commune de Lingwala
Kinshasa, R.D. Congo
(00243) 998697603 ou (00243) 999229662

L'HARMATTAN CONGO
67, av. E. P. Lumumba
Bât. – Congo Pharmacie (Bib. Nat.)
BP2874 Brazzaville
harmattan.congo@yahoo.fr

L'HARMATTAN GUINÉE
Almamya Rue KA 028, en face
du restaurant Le Cèdre
OKB agency BP 3470 Conakry
(00224) 657 20 85 08 / 664 28 91 96
harmattanguinee@yahoo.fr

L'HARMATTAN MALI
Rue 73, Porte 536, Niamakoro,
Cité Unicef, Bamako
Tél. 00 (223) 20205724 / +(223) 76378082
poudiougopaul@yahoo.fr
pp.harmattan@gmail.com

L'HARMATTAN CAMEROUN
TSINGA/FECAFOOT
BP 11486 Yaoundé
699198028/675441949
harmattancam@yahoo.com

L'HARMATTAN CÔTE D'IVOIRE
Résidence Karl / cité des arts
Abidjan-Cocody 03 BP 1588 Abidjan 03
(00225) 05 77 87 31
etien_nda@yahoo.fr

L'HARMATTAN BURKINA
Penou Achille Some
Ouagadougou
(+226) 70 26 88 27

L'HARMATTAN SÉNÉGAL
10 VDN en face Mermoz, après le pont de Fann
BP 45034 Dakar Fann
33 825 98 58 / 33 860 9858
senharmattan@gmail.com / senlibraire@gmail.com
www.harmattansenegal.com

www.ingramcontent.com/pod-product-compliance
Lightning Source LLC
LaVergne TN
LVHW021230061026
849535LV00008B/3007